여행도 하고 싶고 ──────────
　　　　　　　　　 취업도 하고 싶고
──────────────

여행도 하고 싶고   취업도 하고 싶고

현재 지음

푸른향기
Prunyok Publishing Co.

"엄마, 아빠. 저 이제 진짜 세계여행 하려고요."
"그래, 사람이 지 하고 싶은 것도 해보고 살아야지.
원래 그게 니 꿈이었다 아이가."
"잘 생각했다. 니 인생은 니가 개척하는 거다. 좋겠네."

부모님은 걱정은커녕 하고 싶은 걸 하라고 부추기셨다.
물론 모든 비용은 내 통장에서 나왔다. 결심이 어려웠을 뿐,
아주 오래전부터 준비한 계획이었다.

먹고 살기 더럽게 힘겨운 세상이다. 이것저것 남들 하는 거 다 해오며 살았는데, 뭔 놈의 인턴조차 합격하기 힘들다. 버킷리스트인 세계여행도 해보고 싶은데 도무지 시간이 안 난다. 왜냐? 너도, 나도, 이 글을 읽는 당신도, 너무나 열심히 살기 때문이다. 이러다 황혼 여행조차 못 갈 판국이라는 생각, 다들 해보셨는지 모르겠다.

소셜미디어의 발달도 한몫 단단히 했다고 본다.

침대에 누워 입학하지도 않은 하버드 대학의 강의를 들을 수도, 작고 귀여운 남의 집 고양이의 앙탈을 보며 미소 지을 수도 있다. 그런데 문제는 굳이 몰랐어도 될 잘난 사람들의 삶까지 속속히 알아버렸다는 사실이다. 젊고, 똑똑하고, 돈까지 많은데 열심히 사는 인간들이 세상천지에 이리도 널렸을 줄이야. 처음에는 신선한 자극으로 느껴졌던 것이 '그럼 나는?'이라는 물음과 함께 점차 다큐로 다가온다. 지극히 평범한 내가 가만히 있으면 뒤처지는 기분이다.

우물 안 개구리도 옛말이다. 우물 속에서 평화롭게 살 여유는 이제 없다. 개구리는 강제로 태평양에 던져졌다. 90년대생 개구리인 나는 취업도 하고 싶지만, 객사하는 한이 있어도 여행도 하고 싶었다. 이 거창한 소망을 이루기 위해 기를 쓰고 행동으로 실천한 결과 중국 어학연수, 코트라 해외 무역관 계약직, 여름·겨울 방학 140일 여행, 미국 상공회의소 인턴 등 갖은 방법을 통해 2년 이상 배낭을 짊어지고 해외로 나갈 수 있었다. 자소서를 한 줄씩 채우면서.

이 책은 여행할 거 다 하고 공부도 잘해서 굴지의 기업에 입사한 전형적인 엘리트의 재수 없는 성공 스토리와는 거리가 멀다. 그저 여행을 무척이나 하고 싶은데 속세의 끈을 놓고 싶지 않았던 세속적 낭만파의 지독한 몸부림을 담은 글이다.

세계여행이 어려워 보이는 이유는 대부분의 여행작가들이 만사 제쳐두고 여행을 떠났기 때문이다. 휴학, 퇴사를 하고 떠난 여행기는 대단해 보이지만, 한편으로는 대책이 없어 보여 '나도 해볼까?' 하는 생각을 가지기 어렵다. 딱히 특출난 것 없는 대학생이었던 나는 휴학 없이 틈새 공략을 하여 세계여행과 취업을 모두 이뤘다.

낭떠러지를 가로지르며 여행한 티베트, 우즈벡 지하철에서 만난 무슬림 대학생 집에서 일주일간 머무르기, 934km 조지아 히치하이킹, 보드카를 물처럼 마시는 러시아 상남자와의 동침, 미국 CEO들에게 구직 어필하기 등 별의별 희귀한 경험을 했고, 즐겼다.

여행도 하고 싶고 취업도 하고 싶은 분들이 이 책을 읽고 '나도 할 수 있겠는데?'라는 자신감을 가지고 낭만과 현실 두 마리 토끼를 다 잡을 수 있다면 더할 나위 없겠다.

세계여행자가 소개하는 **특별한 여행 방법!**

응급실에 실려 가서야
여행을 결심하다

01

"환자분, 그러면 돌아가실 수도 있어요."

꽤나 진지한 표정을 보니 빈말은 아닌 듯했다.

"네? 저 이제 스물다섯 살 아니, 만 23살인데요??"

너무 어처구니가 없고 당황스러우니 헛소리가 나오기 시작했다.

"아니, 저는… 담배도 한 번도 안 피웠고 술도 많이 안 마시고, 올해는 심지어 금주까지 했거든요. 평소에 비타민도 매일 챙겨 먹고, 6개월 전부터는 오메가3까지 챙겨 먹었는데요? 건강하게 살려고 헬스장도 몇 년째 다니고 있는데….."

두려움이 몰려오면서 묻지도 않은 건강생활 브리핑을 했다. 심지어 군대에서 특급전사 체력시험에 합격했다는 말까지 튀어나올 뻔했다. 하지만 더 이상의 찌질함을 보일 수는 없기에 이성을 찾고 입을 닫았다.

"아직 회복이 필요한 단계입니다. 그리고 부모님 휴대폰 번호 종이에 적어주세요."

"그런데 아까 돌아가실 수도 있다고 하셨는데, 진짜로 죽을 수도 있다는 건가요? 그냥 하시는 말씀인가요, 확률이 어떻게 돼요?"

"그것도 확실히 알 수는 없습니다. 회복이 안 되면 입원을 한다고 해도 장담할 수 없습니다."

아무리 팩트폭력이 대세라고 해도, 의사가 이렇게 말해도 되는 건가 싶었다.

진지하게 걱정되기 시작했다.

02

의사 선생님의 무거운 발소리가 멀어져 갔다. 꼿꼿하게 세웠던 허리를 풀고 쓰러지듯 누웠다. 베개에 머리가 닿는 순간 눈물이 툭 하고 떨어졌다. 이건 일종의 억울함, 슬픔, 공포와는 전혀 관련이 없었다. 반사적으로 눈물은 나는데, 어떠한 감정도 들지 않았다.

할아버지 장례식이 떠올랐다. 화장터에서 기껏해야 초등학생 정도 되어 보이는 아이의 영정사진을 들고 울고 있던 사람들, 할아버지 묘지 부근에 20대 중반 정도 되어 보이는 청년의 사진 비석까지.

돌이켜 보면 "죽는 건 순서 없다"라는 무시무시한 말을 자주 내뱉었는데, 왜 나는 예외라고 생각했을까. 너무도 당연하게 나는 늙어서 죽을 거라고 생각했다. 불변의 공식처럼 말이다.

그런데 내가 25살에 죽을 수도 있다.

오만 생각이 나기 시작했다. 히스레저, 김광석, 뒤이어 『삼국지』의 태사자까지 떠올랐다. 요절한 인물들이 우후죽순으로 내 머릿속을 차지하기 시작했다.

잡생각을 떨치기 위해 시선을 아래로 떨궜다. 병원 바닥을 기어 다니던 느러터진 똥파리 한 마리가 보였다. 그 똥파리는 거짓말처럼 바삐 걸어 다니는 응급실 의사 선생님의 발에 밟혀 으깨졌다.

03

인생 망했다는 생각이 들었다. 중학교 3학년 때부터 내 꿈은 세계여행이며 작가가 될 거라고 친구들에게 자신 있게 말하고 다녔다. 대학생이 되어서도 내 꿈은 여전히 세계여행이었다. 그런데 해야 할 일을 먼저 한다는 그럴싸한 핑계를 댔다. 대학에 입학하고 때맞춰 군대를 가고, 학점을 챙기고 자격증을 땄다. 전형적인 남들 다하는 대한민국 대학생의 길을 묵묵히 따라갔다. 그렇게 스스로 꿈과는 멀어지는 길을 택했다. "원하는 것을 해라, 지금 당장"이라고 부르짖는 여러 유명인의 강연을 챙겨보면서도, 한편으로는 팔자 좋은 시대착오적 소리 하신다고 조소했다. 역설적이게도 부모님은 언제든 여행을 떠나라고 부추기셨다. 반대는커녕 후회 없이 살라고 격려해 주셨는데, 쫄보인 내가 스스로 꿈을 미룬 것이다.

나름대로 열심히 살아왔다고 생각했지만, 결국 꿈도 못 이루고 죽을 수도 있다고 하니 급격하게 우울해졌다. 난생처음 느끼는 우울감은 상당했다. 증세는 점점 심각해져 정신 상담센터 검색에 이르렀다. 그저 누군가와 상담을 해보고 싶었다. 그렇게 사이버 1388 청소년 상담센터 번호를 눌렀다. 만 19-24세까지 청소년 상담으로 지정되어 있었다. 그렇다. 나는 아직 새파란 청소년이었다.

여성 상담원의 음성은 굉장히 차분했다. 상담 기록이 남지 않는다는 사실을 몇 번이고 확인하고 나서야 이야기를 꺼냈다. 놀랍게도 상담원은 말씀을 별로 잘하시는 분은 아니었다. 어쨌든 그저 내 상황을 설명하고 위로받는 것만으로도 마음이 한결 가벼워졌다. 전화를 끊고 일생일대의 다짐을 했다.

내가 만약 완전히 회복하면 반드시 세계여행을 떠난다.

거짓말처럼 며칠 후 퇴원했다. 결론적으로 이 사건은 죽을병이 전혀 아니었다. 사고로 입원한 환자가 빨리 퇴원하겠다고 하니 의사 선생님이 말도 안 되는 최대한의 변수를 이야기했을 뿐이다. 덕분에 20대도 죽음과 별개인 존재가 아니라는 엄청난 공부를 했다. 눈물까지 흘리면서 말이다.

04

인간은 참 간사하다.

죽음의 경계를 오갔다 한들, 시간이 지나 안정선의 궤도에 진입해 버리면 그때의 다짐은 옅어진다. 영화처럼 모든 걸 훌훌 털어버리고 떠나버리는 건 여전히 내 사전에 없었다. 그도 그럴 것이 세계여행한다고 퇴사 혹은 갑자기 훌쩍 떠난 사람들의 말로는 그리 빛나지 않았다. 극소수만이 유튜브나 에세이로 성공하여 여행 관련 일을 지속한다. 나머지의 소식은 어디서도 들을 수 없다. 낭만을 좇되 현실을 외면하기는 싫었다. 이는 몰빵을 하지 못하는 용기 없는 자의 변명이기도 하다.

여행이 끝난 후에도 취업이라는 어마어마한 허들을 뛰어넘어야 했다. 계획 없는 여행은 나를 더 위축시키고 압박할 게 뻔했다. 졸업까지 남은 햇수와 취업 시 안전한 나이를 고려하면 휴학은 더 이상 안 되는 것이었다. 이상만 품고 실천하지 않은 모습에 인생이 망했다고까지 느꼈는데, 크게 달라지지 않을 수도 있다는 위기감을 느꼈다.

그래서 당장 계획을 짰다.

여행도 하고 취업도 할 수 있는 가성비 계획을.

이 책을 맛있게 읽는 방법

시간 순서에 따라 이야기를 배치했습니다. 하지만 꼭 순서대로 읽으실 필요는 없습니다. 취업을 위해 해외에서 기를 쓰고 이력서 한 줄씩 채워가는 이야기를 원하시면 Part 1, 4를 읽으시면 됩니다. 여기서도 '중국보단 미국이 끌리는데?' 싶으시면 Part 4를 먼저 읽으셔도 무방합니다. 엄밀히 말해서 해외에서의 생생한 인턴 이야기는 Part 4에 몰려 있거든요.

'대학생의 여행 에세이를 읽고 싶다!' 하시면 Part 2, 3을 먼저 읽으셔도 됩니다. 카우치 서핑과 인터뷰라는 독특한 이야기를 만나 보실 수 있을 겁니다.

소설가 김연수 님은 글쓰기를 '아랫도리 벗고 남들 앞에 서는 것'이라고 했습니다. 저도 솔직하게 썼습니다.

처음부터 끝까지 꾸역꾸역 정독하실 필요는 없습니다. 재미있어 보이는 파트만 읽으셔도 됩니다. 부끄러우니까요.

목 차

part 02   여름방학 70일
카우치 서핑과 히치하이킹으로 여행하기

Part 01

중국 300일, 코트라

INTRO

여행과 학업을 한꺼번에
잡는 방법은 뭐가 있을까?

이 질문은 마치 '알파벳 E로 시작하는 동물을 말해보세요'와 비슷하다. 대부분은 'Elephant', 코끼리를 떠올릴 것이다. 한화 팬들은 'Eagle'이라고 대답할지도 모르겠다.

최소 12년을 학교에서 보낸 우리가 생각하는 여행과 학업에 대한 탈출구도 고만고만하다. 당신의 머릿속엔 '어학연수' 또는 '교환학생'이 떠오를 것이다. 뭔가 특별한 방법은 없을까 고민하다가 이내 그만두었다. 누구나 떠오르는 방법은 시시해 보이지만, 검증되었다는 뜻이기도 하다. 해외 생활을 하면서 학점도 준다니. 이만큼 여행하기 딱 좋은 수단이 어디 있을까. 각자의 상황에 따라 다르겠지만, 나는 워킹 홀리데이보다는 학점 인정을 받는 어학연수가 월등히 좋은 수단이라고 생각했다. 그렇게 1년을 잡고 중국으로 떠나게 되었다.

당신이 어문계열이라면 주저할 것 없이 이 방법을 추천한다. 괜히 다른 자격증 몇 개 딸 거라고 어학연수나 교환학생을 포기하는 친구들이 있던데, 그런 세속적인 생각은 접어두고 격렬하게 떠나기를 바란다. 엄청 신박한 계획이 있지 않는 한 살림살이가 크게 달라지지 않을뿐더러 졸업하고 '해외에서 생활'이라는 귀한 경험을 놓친 것을 땅을 치고 후회하는 친구들이 많다(물론 CPA 시험 준비라면 이야기가 달라진다).

그나마 어깨에 힘주고 다니는 상경계도 최소 한 학기 정도는 추천하고 싶다. 기가 차지만 요즘 똑똑한 공대생은 영어도 잘하고 제2외국어도 하나쯤 한다. '니하오'밖에 몰랐던 기계공학과 윤원이는 나랑 비슷한 시기에 중국에서 1년을 보냈다. 이후 계속 중국어를 공부하여 新HSK 6급을 땄고 결국 삼성전자에 입사했다. 물론 현재 회사에서 중국어 한마디도 쓸 일이 없다지만, 입사 당시 윤원이는 면접관이 원하는 글로벌 공학 인재였을 것이다.

당신이 애살 있는 친구라면 해당 언어 실력이 폭발적으로 향상될 것이고, 명랑한 친구라면 어쨌든 학점도 따면서 합법적으로 여행 다닐 최고의 구실이 생긴 셈이다(덤으로 외국인 애인을 만날 일생일대의 기회임을 잊어서는 안 된다).

외국인 친구를 사귀는
실질적 방법

01

한국인의 늪에서 벗어나기

"전공이 뭐예요?"

"그… 뭐시기 경영학과요."

중국어 못하는 중문과임을 들키기 싫어서 시답잖은 자리에서는 가끔 위장을 하기도 했다.

의무교육을 받던 시절 '세계여행가가 될 테니 영어는 기본이며 머릿수로 압도하는 중국어를 배워야겠다'라는 단순한 생각으로 중문과 학생이 되었다. 살벌한 취업난 때문에 살짝 후회했지만, 책을 좋아해서 국문과를 가려다가 그나마 좀 더 경제성 있는 학과를 선택했다는 데 의의를 두는 편이다. 그렇다고 주눅들 필요는 없다. 외국인이 너네 나라 언어 못하는 건 당연한 거고, 나는 돈 써가며 배우러 와준 훌륭한 고객이기 때문이다.

외국 생활을 해본 사람은 알 것이다. 10년을 살아도 기본적인 말밖에 못하는 사람이 있는가 하면, 1년 혹은 6개월 만에도 의사 표현을 척척 하는 사람들이 있다. 각자의 사정이 있겠지만, 전자라면 '한국인과 몰려다녀서'가 가장 타당한 이유라고 추측해 본다.

어떻게든 한국인의 늪에서 벗어나야 했다.

"한국인만 아니면 돼요. 어떤 국가라도 상관없으니, 외국인과 룸메이트 하게 해주세요."

파파고에서 번역한 중국어를 더듬거리며 기숙사 관리 직원에게 한 말이다. 애처로워 보이는 학생의 부탁을 거절할 이유가 없는 직원은 흔쾌히 나를 외국인 방에 배정해 주셨다.

인위적으로 만들어낸 내 첫 외국인 룸메이트는 카자흐스탄에서 온 '아셋'이라는 친구다. 그의 존재는 상상 이상으로 타국 생활에 활력과 도움이 되었다.

외국인 룸메이트와의 동거는 외국어 습득에 무조건 이득이다. 컴퓨터공학과 학생인 아셋은 이미 1년째 유학 중이었기 때문에 매일 잠들기 직전까지 그의 고급진 어휘를 들을 수 있었고, 나는 형편없는 대답이라도 읊조려 볼 기회가 주어졌다. 그것도 매일. 설사 룸메가 나보다 못한다고 해도 연습 상대가 있다는 사실 자체가 축복이다. 룸메의 나라와 문화에 대해서도 빠삭하게 배울 수 있다는 점은 덤이다.

웃음에 관대한 아셋이 가끔 진지한 표정을 지으며 부탁할 때가 있다. 그의 웃음기 없는 표정은 곧 문화차이를 의미한다.

"돼지고기를 먹는 건 상관없는데, 우리 공용 냄비에는 담지 말자."

"양탄자 깔고 祷告(기도)할 때는 방해하지 말고 조용히 있어 줄래?"

덕분에 祷告[dǎogào]라는 단어는 아직도 잊히지 않는다. 그의 조심스러운 요구는 전혀 문제가 되지 않았다. 오히려 미지의 세계이자 한편으로는 두렵다는 생각까지 드는 무슬림 신자와 친구가 되어보니 종교 색안경이 벗겨졌다. 무지막지한 종교의 편견을 없애버린 셈이다. 물론 이 모든 일은 강요 아닌 부탁이기에 가능했다.

어학원에는 외국인 유학생이 굉장히 많았는데, 그중 모로코, 카자흐스탄, 인도네시아 등 아셋과 같은 무슬림 신자들도 꽤 있었다. 몇몇 쿨한 무슬림 친구들은 처음에는 몰래, 나중에는 대놓고 술을 마시고 이렇게 말했다.

"진짜 오늘까지만 마셔야지. 알라신에게 회개하면 돼."

사람 사는 거 다 똑같았다.

대학, 회사에서 요구하는 그놈의 글로벌 마인드의 기본은 종교적 편견을 가지지 않는 것에서 출발하지 않을까. 전 세계 무슬림 인구는 약 19억 명으로 약 23억 명의 신자를 거느린 기독교 바로 다음이다. 여행을 하든 비즈니스를 하든 처음부터 19억을 적으로 돌린다면 글로벌 인재고 자시고 그들을 만날 때마다 골치 아프다. 대학에서 종교와 인간에 대한 교양강의를 듣는 것보다 실전에서 진하게 부딪혀 보니 사고가 트이는 기분이다. 역시 세상은 이론보다는 실전이다. 이렇게 매일 한 수 배우며 윤택한 기숙사 생활을 이어갔다.

물론 나는 여전히 무교다. 다양한 종교에 관심을 곁들인.

중국인 남자 번호 따기

"Hi! Where are you guys from?"

적막이 감도는 기숙사 엘리베이터 안, 깔끔하게 아래위 검은색 옷을 맞춰 입은 흑인 학생이 갑자기 말을 걸었다.

"I'm from South Korea."

아직 서양인들의 스몰톡이 익숙하지 않은 내가 쑥스럽게 말했다.

그때 뒤에서 또 다른 목소리가 들렸다.

"China."

고개가 홱 돌아갔다. 외국인들만 거주하는 기숙사에 중국인이라니. 그런데 이 친구, 신분이 아리까리해 보인다.

길거리에서 보이는 중국 남자들의 머리 스타일은 보통 네 가지로 나뉜다. '18mm 정도의 반삭, 2000년대 초 블루클럽에서 유행했던 귀두컷, 더벅머리, 연예인을 따라 한 듯한데 누굴 따라 했는지 헷갈리는 머리'. 하지만 이 친구는 달랐다. 한국식 머리의 대명사 '이발한 지 한 달 정도 된 투블럭 스타일'에 단정한 옷차림인 그는 중국물 먹은 한국 사람처럼 보였다.

'띵'

머리 굴릴 새도 없이 3층이다. 내가 내렸고 곧이어 그도 내렸다.

'쟤한테 무조건 말 걸어야겠다.'

가끔 얼토당토않은 확신이 들 때가 있다. 얼른 그를 쫓아가 바로 실행에 옮겼다.

"你好 你是中国人吗？"

(안녕, 너 중국인이야?)

"是。你是从韩国来的？"

(응. 너는 한국에서 왔지?)

"对。我前几天刚来中国。现在还没太有中国朋友呢。有时间的话一起玩儿吧。"

(맞아. 나는 며칠 전에 중국에 왔어. 그래서 지금 중국인 친구가 없어. 시간 있으면 같이 놀자.)

실제 대화 내용이다.

7살 때의 기억이 떠오른다. 엄마의 권유였는지, 등쌀이었는지 모르지만 13층으로 이사 온 내가 12층에 사는 수호네 집 초인종을 눌렀다.

"내 13층 사는데, 우리 친구 하자".

십수 년이 지나 다시 7살 수준의 어휘로 '친구 신청'을 했다. 하긴 초등학교 수준의 중국어 실력이니 초등학생 감성이 나올 수밖에 없다.

초딩 감성의 친구 신청을 받아준 그의 이름은 '청림'으로 알고 보니 내옆 옆방에 살고 있었다. 청림은 영국 대학교에 입학했지만, 학비 절약을 위해 잠시 중국에서 학점 인정을 받고 있는 복잡한 신분이었다. 덕분에 외국인 기숙사에서 외롭게 지내던 청림과 급속도로 친해졌고, 그는 내가 중국을 떠나는 순간까지 옆을 지켜주는 친구가 되었다. 어느 순간부터는 그는 나를 중국 꽌시의 끝판왕 '슝띠'(兄弟), 즉 형제라고 부르기 시작했다. 덕분에 청림의 엄마, 아빠, 할머니까지 만나며 고향에도 초대되는 호사를 누렸다.

그때 깨달았다. 역시 외국에서는 들이대고 봐야 하구나.

뻔뻔해져야 살아남는다

특정 외국어를 사용할 때는 새로운 자아가 생긴다는 말이 있다. 나 같은 경우는 어떤 대상과 대화하느냐에 따라 바이브가 다른 편이다. 길에서 만나는 대상은 크게 두 가지로 나누어진다.

첫째는 중국인 상인들이다. 이들과 이야기할 때는 자신감 있게 큰 소리로 말한다. 배려 따위 없는 그들의 실전 중국어를 못 알아들어도 상관없다. 현지인도 다른 지역 사투리는 알아듣지 못하며, 표준어라도 혀를 굴리는 얼화(儿化)가 너무 심하면 이해하기 힘들다는 탁월한 변명이 있기 때문이다.

"사투리를 못 알아듣겠어요. 천천히 말해주세요."

"얼화가 너무 심해서 모르겠어요. 휴대폰에 써주세요."

이 두 마디면 모든 게 해결된다.

중국에서는 백화점처럼 정가를 취급하는 곳이 아니면 대부분 흥정을 해야 한다. "타이꾸이러"(비싸요)를 입에 붙이며 흥정하다 보면 거칠 게 없다. 상인들이 중국어 잘한다고 칭찬하면 고맙다고 하고, 못 알아듣겠다 하면 외국인이라고 말하면 그만이다.

두 번째로 또래 중국인 친구들이다. 이들에겐 웃으며 다가가면 해결된다. 중국 생활을 하며 자연스럽게 체득한 사실은, 대부분의 중국 젊은이들은 한국인에게 호감을 가진다는 점이다. 젊은 세대들은 K-pop과 드라마의 영향, 또는 비교적 세련된 옷차림 덕분에 한국인에게 최소한의 호감을 내비친다. (물론 사드 같은 정치적 이슈가 터지면 바로 파국이다.)

중국어를 못해도 상관없다. 아니 오히려 조금 더 어설프게 말할수록 효과는 좋다. 너무 또렷한 발음과 완벽한 문장으로 말한다면 '외국인 효과'는 떨어진다. 황인종끼리는 어찌 됐든 비슷하기 때문이다. 이런저런 이유를 따져 보았을 때, 중국인 친구를 사귀는 일은 신난다. 물론 전신이 중화사상으로 뒤덮여 있는 사람은 빠르게 지나쳐야 한다.

중국인을 사귀는 데 두려움이 없으니 마음만 먹으면 누구라도 빠르게 친해질 수 있다. 궁금한 점이 있으면 모르는 사람이라도 대뜸 물어보면 된다.

중국에는 의외로 서양인 유학생이 많다. 그들도 놓쳐서는 안 된다.

외국인 친구 사귀기 실전편 1 - 대학교 쳐들어가기

친한 외국인 친구와만 지내다 보면 이상한 점을 발견하게 된다. 분명 친구는 내 발음을 다 알아듣고 나 역시도 리스닝이 잘된다. 그런데 낯선 사람과 대화를 하면 서로 알아듣기 힘들어하는 기현상이 발생한다. 이때 우리는 깨닫는다. 친구가 지금까지 '배려 중국어를 해 줬구나' 하고. 개떡같이 말해도 찰떡같이 알아듣는 친구를 보고 무언가 깨달았다면 그게 신호다. 새로운 사람을 만나야 한다는 강력한 신호.

외국 생활의 장점은 너도 나를 모르고 나도 너를 모른다는 점이다. 즉 걸리적거리는 게 없다. 청림이와 친해지고 자신감이 붙은 나는 과감한 시도를 계획했다. 드라마를 보면 주인공이 대학교 식당에서 옆 사람에게 말 걸며 친해지는 씬이 종종 등장한다. 나라고 못할 쏘냐 싶어 집 주변 대학교 학생 식당으로 직행했다. 패기롭게 학교에 도착했지만 보란 듯이 바로 난관에 봉착했다. 식권을 사기 위해서는 '위챗페이'가 필요한데, 그때만 해도 나는 아직 중국식 개화가 되지 않았다. 위챗페이는 한국의 삼성페이와 비슷한데, 중국에서는 너무나도 상용화되어 있어 종종 길거리 거지도 QR코드로 구걸한다. 어쨌든 그들은 현금 따위는 받지 않았다.

"뭔 돈이 있어도 밥도 못 사 먹고 귀찮아 죽겠구만."

이때 투덜거리며 방황하는 나를 신기하게 쳐다보는 눈길이 느껴졌고, 바로 말을 걸었다.

"안녕. 혹시 위챗페이 없으면 여기서 못 먹는 거야?"

"응 위챗페이로만 결제할 수 있어. 너 한국인이지?"

마스카라, 립스틱 하나 하지 않은 수수한 그녀의 얼굴에는 '나 착한 사람이에요'라고 쓰여있는 듯했다. 그녀는 수줍게 웃으며 초롱초롱한 눈으로 대답했다.

"어, 나 한국에서 온 지 얼마 안 됐어."

"그래? 그럼 내가 대신 사줄게."

황송하게도 본인이 밥값을 내주겠다고 한다. 3천 원 남짓한 금액이었지만 생판 처음 보는 사람에게 친절을 베푸는 것은 혼란스러웠고, 그 마음을 그대로 표출했다.

"갑자기 나한테 왜 사주는 거야? 현금으로 줄게."

"별거 아니야 내가 사줄게, 너 위챗페이 없잖아. 우리 처음 만나기도 했고."

묘했다. 이게 대국의 인심인가 싶었다. 대륙의 관용을 보여준 그녀의 이름은 '옌핑'으로, 화학공학과 학생이었다.

웃긴 건 옌핑과 같이 밥을 먹지는 못했다. 그녀는 룸메들과 약속이 있다며 쿨하게 다빠오(포장)를 해 갔고, 당황한 나도 따라 포장을 해버렸다. 그렇게 각자 집에서 맛있게 밥을 먹었다. 어쨌든 기브 앤 테이크라고 받은 친절을 돌려주기 위해 우리는 다음 주에 다시 만났고, 자연스레 정기적으로 만나게 되었다. 그리고 마침내 깨달았다. 옌핑이 처음 본 나에게 밥을 사준 이유를.

옌핑은 BTS 광팬으로 정국과 지민을 특히 사모했다. 아는 만큼 보인다고 했나, 이 시점을 기준으로 다양한 여행지에서 한류 팬들의 한국 사랑을 절절히 느끼고 있다. 그들이야말로 외교관이 따로 없다. 서희가 말로 강동 6주를 쟁취했다면 그들은 춤과 노래로 전세계를 사로잡았다. 덕분에 태어나서 처음으로 아이돌의 팬이 되었다. 어쨌든 옌핑과 나는 한

두 달에 한 번 정도 같이 밥을 먹으며 중국어도 연습하고, 각자의 문화를 공유하는 그야말로 교과서적인 인간관계를 이어나갔다. 때로는 이런 성균관 유생 같은 만남도 즐겁다.

외국 생활을 하며 완전히 바뀐 생각은, 귀국한다고 관계가 끝나지 않는다는 점이다. 짧게 만났든 길게 만났든 마음만 먹으면 연락은 물론 어떻게든지 만날 수 있다. 2년 후, 우리는 사천성에서 다시 만났다.

외국인 친구 사귀기 실전편 2 - 게스트하우스에서

비행기가 4시간이나 연착되는 바람에 한밤중에 청두 공항에 도착했다. 잔뜩 움츠린 채 우산을 써도 바지의 반이 젖을 정도로 비가 쏟아지는 날이었다. 앞머리가 비에 쫄딱 젖을 즈음에야 간신히 게스트하우스에 도착했다. 직원들은 '환잉꽝린(환영합니다)'이라고 말하기는커녕 힐끗 쳐다만 봤다.

"저 여기 1박 예약했어요."

조폭들이 차고 다닐 만한 커다란 쇠사슬 목걸이와 굵은 은반지를 5개나 낀 주인장이 그제야 무심하게 맞이해 주었다. 주인장의 녹슨 목걸이처럼 남성 4인실의 내부도 터프했다. 한화로 하루에 6,800원 하는(헤어드라이어도 없는), 전체적으로 쇠 냄새가 나는 방이었다.

'인터내셔널 유스호스텔'이라는 거창한 이름과는 다르게 방 구성원들은 모두 중국인이었다. 세 명의 중국 남정네들이 각자의 방식으로 퍼질러 누워있었다. 스마트폰만 뚫어져라 보고 있는 그들은 서로에게 철저히 무관심해 보였다. 누군가 크게 방귀라도 뀌지 않으면 고개도 돌리지 않을 기세였다. 분위기에 살짝 압도당했지만, 조용히 쭈그리고 앉아 있을 수만은 없었다.

먼저 대학생처럼 보이는 친구에게 말을 걸었다.

"안녕, 혹시 주변에 맛있는 식당 있어? 난 청두가 처음이라 잘 모르거든."

"처음 왔다고? 너 혹시 한국인이니?"

중국에서 한국인이냐는 말을 들으면 내심 기분이 좋다. 그들은 내가 머리도 감지 않은 채 슬리퍼를 질질 끌며 숙취해소제를 사러 가는 길에는 한국인이냐고 묻지 않는다.

"응, 한국에서 왔어. 비행기가 연착되는 바람에 밤에 도착했어."

"와, 너 중국어 잘한다."

사실 나는 이런 틀에 박힌 리액션을 선호하지는 않는다(결코 잘하는 수준이 아니었다). 그래도 자기네 말을 할 줄 아는 외국인에게 관심을 표하기 가장 쉬운 방법이기도 하니 일종의 통과의례라고 할 수 있겠다.

"이미 식당은 문을 닫았으니 배달어플(메이투완)로 대신 주문해 줄게."

"고마워, 제일 가까운 곳에 있는 치즈버거로 부탁할게."

침묵이 깨지니 사람들이 하나둘 관심을 가지기 시작했다. '어디서 중국어를 공부했냐'부터 '왜 중국을 여행하는지' 등 질문이 쏟아졌다.

20대 후반이 되면 남자들의 대화 주제는 여자보다는 정치로 바뀐다. 누굴 좋아하는지, 누가 예쁜지보다는 자연스레 정치 이야기를 한다. 외국인과 정치 이야기를 하면 뿌듯하다. 개인적으로 외국인과의 심도 있는 대화 주제 중 하나는 정치라고 생각하기 때문이다. 한국에서 정치 이야기는 갈등의 씨앗으로 변질될 가능성이 농후하지만, 외국인과의 정치 이야기는 당신과 터놓고 말을 하겠다는 모종의 신호이다. (하지만 '대만은 독립국가 아니냐' 등의 이야기는 절대 하면 안 된다. 굉장히 높은 확률로 손절당하고 하루아침에 친구에서 적으로 바뀔 수도 있다. 한국인에게 발해가 중국 역사냐 묻는 것과 비슷한 맥락이다. 대다수의 중국인은 그렇게 생각한다.)

"중국은 발전하려면 한참 멀었어."

뜬금없이 중국인 대학생 친구가 말했다.

자국을 비판하는 중국인을 찾기란 독도는 한국 땅이라고 말하는 일본인을 만나는 것처럼 희귀한 일이다. 이 대학생 친구는 놀랍게도 굉장히 자조적이다.

"그래도 중국은 G2잖아. 세계 2위 경제력 아니야?"

그들의 홈그라운드니 기분 좋게 띄워주었다. 그 친구의 대답은 너무나도 솔직해서 고마웠지만, 아무렇지 않은 척 너스레를 떨었다.

"아니 그건 극히 일부가 부를 가진 거고, 대부분은 정말 가난해. 농촌을 보면 돼."

"흠… 맞아. 동쪽 특히 산동성, 베이징, 상해, 선전 쪽이 잘살고 서쪽은 어렵다고 하더라고."

"도시 말고 농촌을 가봐. 거기가 진짜 중국이야."

외국인 앞이라고 무조건적으로 자기네 정부를 옹호하지 않는 친구를 만났다는 것만으로도 신기한 경험이었다. 그 친구도 내가 마음에 들었는지 주문했던 햄버거 값을 한사코 받지 않으려 했다.

"얼마 안 하지만 이건 내가 사줄게."

앞으로 외국인에게 잘해줘야 할 이유가 쌓이는 밤이었다. 중국 신청

년과의 대화를 뒤로하고 잠을 청했다. 스르륵 잠이 들었다. 여행지에서
도 새로운 사람 만나는 건 말 한마디에 달렸다.

문과생의
영업사원 준비

02

전국 대학생들을 만나러 가다

어학연수나 교환학생까지 가서 굳이 학점에 목맬 필요는 없다. 학점
도 후하게 주는 편에다 패스/논패스 수업도 많기 때문이다. 성실한 출석
과 적절한 벼락치기만 받쳐준다면 크게 아쉬울 것 없는 생활에 익숙해
져 갈 때쯤, 신박한 아이디어가 떠올랐다.

곧 다가올 여름방학에 신명나게 여행을 할 텐데 이왕 갈 거 자기소개
서 한 줄 추가할 항목을 만들기로 했다. 기왕이면 꿩도 먹고 알도 먹으면
좋으니까. 여행을 하며 자소서 스토리 한 줄을 만들기 위한 명분은 대학
생다운 학문적 궁금증과 적극성이면 충분하다. 사회조사가 필요한 살짝
성가신 세미나를 적극 활용하기로 했다. 표본집단을 뻥튀기해도 별 탈

없는 패스/논패스 수업을 굳이 거국적으로 만들 작정이다. 표본집단을 주변 친구가 아닌 전국구로 설정했다. 설문조사를 매개체로 방학 동안 중국 각지를 돌며 대학생들을 만날 계획을 짰다. 주제는 '중국 4년제 대학생들의 진로 결정 요인'이다. 4학년 학생들을 중심으로 인터뷰를 계획했다. 대학생을 만나고 싶기도 했고, 실제로 그들은 어떻게 진로를 결정하나 궁금하기도 했다.

문과생은 대부분 영업사원이 된다. 다른 직무를 한다고 해도 영업력은 기본 베이스가 된다. 물건을 팔지 않을 뿐 낯선 사람들에게 적극적으로 다가가 원하는 바를 이루어 내는 스토리는 문과생의 자소서나 면접에는 굉장히 좋은 소스다. 성과주의에 매몰된 사람처럼 느껴져 현타가 왔지만, 나로서는 낭만과 현실을 챙기는 확실한 방법이다. 어떻게든 여행은 떠나고 싶은데 이렇게 뭐라도 얹게 되면 마음도 편해진다.

대륙의 친구 찬스

"안녕하세요, 잠시 시간 되시나요?"

길거리에서 낯선 사람이 웃으며 위와 같은 멘트를 건네는 경우는 보통 '도를 아십니까' 또는 자선단체에서 판넬에 스티커 붙여 달라는 부탁이다. 하지만 세상은 호락호락하지 않다. 누가 봐도 선한 영향력을 끼치는 유니세프 같은 NGO 단체의 호소도 우리는 보통 지나친다. 덕분에 도를 아십니까 같은 부류는 눈길 한번 안 주고 쌩 지나가는 경우가 태반이다. 나 같은 경우는 이런 부류를 만나게 되면 중국인 행세를 한다. 곤란한 표정과 함께 "我不会说韩语"(저 한국어 못해요)를 시전하면 곧장 풀어준다. 기가 센 사람 같으면 못 들은 척 미동도 하지 않고 지나가 버린다.

그저 실실 웃으며 다가가도 쉽지 않은데, 한 손에 설문조사 용지까지 들고 있으면 바로 거부감이 들게 뻔했다. 머리를 써야 했다. 해결책은 '자만추'다. '자연스러운 만남을 추구'한다는 뜻으로 연애 스타일을 말할 때 쓰인다(요즘엔 좀 의미가 바뀌었지만). 실제로 연애도 자만추 파였기 때문에 설문조사도 자만추 스타일로 잡아 버렸다. 물론 상관관계는 없다.

방법은 이렇다.

① 친구가 사는 도시로 여행 간다. 친구도 만나고 겸사겸사 친구의 친구를 소개받아 설문조사도 한다.
② 게스트하우스에 묵으며 여행자들에게 접근한다.

자만추로 정리해 놓으니 한결 수월해 보였다. 역시 사람은 하던 대로 해야 한다.

졸지에 친구가 사는 도시 위주로 루트를 짜게 됐다. 대련, 항저우, 쑤저우, 상해, 산동성 소도시 등을 여행할 생각을 하니 벌써 짜릿하다. 첫 여행지 대련에는 엄마가 운영하던 고깃집에서 아르바이트했던 중국인 친구 양예가 산다. 살짝 어눌한 한국어를 구사하는 양예는 손님들에게 인기가 많았다. 따발총처럼 거친 부산 사투리를 내뱉는 술 취한 아재들 때문에 울상을 짓기도 했지만, 잘 웃는 습관 덕분에 손님들에게 자주 팁을 받았다. 참나무 삼겹살을 나르며 6개월가량을 함께 보낸 양예는 귀국 날 이런 말을 했다.

"来大连的话一定要联系我"(대련에 놀러 오면 꼭 연락해.)

'언제 밥 한 끼 하자' 따위의 의례적 멘트를 물고 성사시키는 능력 덕분에 우리는 1년 만에 중국에서 다시 만날 수 있었다. 한껏 퇴보한 양예의 한국어 덕분에 우리는 이제 중국어가 더 편했다. 1년이라는 시간은 외국어를 잊기에 충분한 시간이다. 미래의 내 모습도 별반 다르지 않을 것을 직감하니 마시던 맥주가 살짝 씁쓸하다. 양꼬치를 입에 쑤셔 넣고 본론으로 들어갔다.

"나 중국 대학생의 진로에 대해 조사하고 있는데, 혹시 설문조사 좀 작성해 줄래?"

"그래, 이리 줘. 하나만 하면 돼?"

"음? 더 해주게? 사실 많으면 많을수록 좋지."

"그럼 한 10개 줘. 기숙사 친구들에게 돌리고 내일 줄게."

"…고맙다."

대륙의 친구 찬스는 위대했다. 대련에서의 설문조사는 양예 덕분에 발품 팔 필요도 없이 납기를 맞추고도 남았다. 마음 편하게 한량처럼 며칠을 보내다가 상민이가 있는 항저우로 향했다.

안녕, 설문조사 좀 해줄래?

개혁개방정책으로 자본주의를 표방하지만 속은 사회주의인 나라, 우리 선조들이 수백 년간 머리를 조아리며 조공을 바쳤던 나라, 당당하게 어깨 펴고 길거리에서 담배를 피워도 눈치를 안 주는 나라, 분명 빨간불인데 브레이크 따위는 밥 말아 먹었는지 쌩쌩 달리는 차주가 꽤 많은 나라, 남들이 보든 말든 길거리에서 키스 정도는 당당하게 하는 나라 등등 수식어를 붙이려면 끝도 없는 국가 중국.

이 터프한 나라에 머무는 동안 3명의 한국 친구들이 제각기 다른 도시에서 어학연수를 하는 행운이 있었다. 그중 항저우의 절강대학교에서 공부하고 있는 상민이를 찾아갔다.

서울대학교는 중국 명문 대학교들과 자매결연을 맺어 학생들에게 우수한 환경을 선사했다. 덕분에 상민이는 입맛에 맞게 절강대학교를 선택했고, 중국에서도 일류 명문대에서 수학할 기회를 당당히 거머쥐었다. 유유상종은 외국 대학끼리도 잘 통하는 모양이다. 재정이 매우 탄탄해 보이는 절강대학교는 외국인 기숙사에 일인당 2개의 책상을 쓰게 해주는 대륙의 면모를 보여줬다. 1인 2책상이라니, 침대는 하나만 주지만 공부는 어쩌든지 열심히 해라는 뜻인지 아무튼 부러운 기숙사를 구경하고 우리는 서호(西湖)라는 인공호수로 향했다.

상민이는 '시도 때도 없이 비 존나 오는 곳'이라고 항저우를 소개했지만, '上有天堂下有苏杭'(하늘에는 천당, 땅에는 항저우 쑤저우가 있다)라는 문구는 괜히 있는 게 아니었다. 촘촘히 자리 잡은 버드나무 덕분에 여기가 수목원인지 호숫가인지 헷갈리는 와중에 길거리에 쓰레기도 별로 보이지 않는다. 흔들리는 버스 바닥에도 삶은 달걀 껍질과 포장음식 쓰레기, 종종 손톱까지 보이는 중국에서 이만하면 선방이다. 물론 중국 대도시답게 미세먼지는 기본값이다. 그래도 외출 후 코를 풀면 검은색 가루가 나오던 시안(西安)에 비하면 양반이라는 위로를 해본다.

인공호수 서호의 규모는 실로 어마어마했다. 보다 실증적인 비유를 하자면 넓은 걸로 유명한 '건국대 호수'는 물론이요, '건국대 전체'를 빠뜨려도 남아돌 정도다. 하긴 땅 크고 돈 있는 국가가 뭘 못하리. 이제 건국대가 통으로 빠져도 거뜬한 서호에서 설문지를 받아줄 착한 친구를 찾는 일만 남았다.

타깃은 다음과 같다.

남자든 여자든 선한 인상에 잘 웃는 사람. '도를 아십니까'를 부르짖는 사람들의 심정이 십분 이해된다. 먹잇감은 쉽게 눈에 띄었다. 서호 앞에서 서로를 찍어주는 풋풋한 대학생 커플을 향해 무소의 뿔처럼 거침없이 직진했다.

"美女, 帅哥! 니하오."

직역하면 미녀, 미남이다. 중국에서는 미인, 미남을 인사처럼 쓰기도 한다. 모르는 사람이 미남이라고 불렀다고 설레발쳐서는 안 된다. 그냥 인사일 뿐이다. 미녀, 미남이 인사말인 걸 알아도 어색해서 한 번도 써보지 않았는데, 여행 온 김에 시원하게 질러봤다. 미녀 씨! 미남 씨!

"니하오."

기분 좋아 보이는 그들은 경계의 눈빛을 보내지 않았다.

"사진 하나 찍어드릴까요?"

"고맙습니다!"

일단 사진으로 환심을 샀다. 웬만한 20대 한국인의 사진 솜씨는 외국에서 금손대우를 받는다. 그들은 정확한 수평, 길어진 다리에 놀라워했다.

"혹시 대학생이세요? 저는 한국에서 온 대학생이에요."

"와 대단하시네요. 네 저도 대학생이에요."

"잠시 궁금한 것 좀 물어봐도 될까요? 중국 대학생들의 생각을 알고 싶어서 설문조사를 하고 있거든요."

"네, 그럼요. 좋죠."

내가 살고 있는 나라에 호감이 있는 외국인과의 만남은 항상 즐겁다. 몇 분 후 씨에씨에, 타이 씨에씨에를 시전하며 그들이 써준 설문지를 건네받았다. 사실 설문조사는 처음 보는 사람들과 대화의 물꼬를 트기 위한 수단일 뿐이다. 면접관이 자소서를 슥 훑어보듯 넘겨 보는데, 이 둘의 설문지는 눈길이 멈추는 구간이 많았다. 흥미로운 부분이 많다는 신호로, 이게 서류심사였으면 그들은 바로 합격이다.

먼저 남성분이다. 이름은 장슈엔.

'하고 싶은 일을 하며 사는 게 인생 목표이기 때문에 연봉은 중요하지 않다. 나는 고고학자가 될 거다.'

남개대학교 고고학과에 재학 중인 그의 설문지 한 줄 요약이다. 고고학과는 뭣도 모르는 고등학생이 봐도 돈 안 되는 학과이기 때문에, 웬만하면 소신 지원자라고 보면 된다. 거기다 남개대학교에 다니는 이 친구는 세상 물정 모르는 학생도 아니었을 테다(2022년 중국 교우회넷에 따르면 중국 대학교는 무려 2,914개다. 그 중 남개대학교는 탑 16위이다).

연봉은 중요하지 않고 하고 싶은 일을 하는 게 목표라는 그의 결과를 보니 뒤통수가 저릿저릿하다.

장슈엔의 여자친구 쯔웬도 보통내기가 아니다.

"나는 전공이 안 맞아서 직업군인 하려고."

쯔웬이 말했다. 생물기술학과에 재학 중인, 무려 이과생의 입에서 나온 말이다. 전혀 전공을 살릴 생각이 없는 그녀는 직업군인이 되겠다고 한다.

'개똥밭에 굴러도 사회가 낫다.'

군대 이야기가 나오면 친구들과 항상 하는 말이었다. 그녀는 왜 자진해서 개똥벌레가 되려는 걸까?

"너는 왜 군인이 되려고 하는 거야? 돈을 많이 줘서?"

모병제인 중국은 군인 대우가 좋다는 것쯤은 알고 있는 중문과였다.

"돈도 그렇고 대우가 엄청 좋아. 군대 가고 싶어 하는 사람들도 많고. 체력시험 때문에 운동도 열심히 하고 있어."

군인, 아니 중국인민해방군이 되고 싶은 그녀가 말했다. 쯔웬의 다부진 이두근이 그제야 눈에 띄었다.

중국은 법률상 징병제를 시행하지만, 입대를 원하는 사람이 많기 때문에 모병제라고 봐도 된다. 참고로 2022년 기사를 보니 저장성에서만 하반기 징병 모집에 11만 명이 지원했으며, 이 중 70%가 대졸 이상이라고 한다. 경기 침체로 인한 취업난에 전역 후 공무원 등 일자리를 구하기가 쉽기 때문에, 고학력 지원자들이 늘고 있다고 한다. 어쨌든 장슈웬, 쯔웬 커플 포함 약 50여 명을 설문조사 하는 데 성공했다. 설문 결과 중 기억에 남는 사항은 아래와 같다.

① 희망 직업 선택 이유 – 고소득: 43%, 부모의 영향: 5%
② 해외 취업 의사 – 희망한다: 17%, 희망하지 않는다: 83%
　+해외 취업을 희망하는 사람은 희망 연봉이 100만 위안(1억8천만원) 이상: 57%

③ 본인의 전공에 매우 만족이라고 답한 사람은 50명 중 4명

여행을 빙자한 가벼운 설문조사였지만, 엄청난 발견을 했다. 처음 보는 사람에게 다가가서 대화하는 데 있어 아무런 거리낌이 없다는 점이다. 그렇게 어렵던 '장점 찾기'가 단박에 해결되었다. 사람에 대한 호기심과 대화의 즐거움이 합치니 유튜버의 기질이 보인다. 영업사원은 모르겠고, 다음 여행부터 후자를 실천해 보기로 한다. 그냥 해본 설문조사는 상상도 안 해봤던 유튜버가 되는 데 엄청난 도움닫기가 되었다. 역시 인생사 새옹지마요, 한 치 앞도 모를 일이다.

중국과 한국의
집값 사정

남한보다 95배가 넓은 중국이지만, 거주지 사정은 점점 비슷해지는 듯하다. 중국인에게 출신지를 물어보면 가장 당당하게 대답하는 부류가 있다.

"我是北京人, 我是上海人."(나 베이징 사람이야, 상해사람이야.)

"Where are you from?"이라고 물어보면 보통 국적을 말한다. 우리는 "I'm from South Korea" 중국인들은 "China"라고 한다. 하지만 베이징, 상하이 사람들은 "I'm from Beijing, Shanghai"라고 대답하는 걸 심심찮게 들을 수 있다. 그저 중국인으로 묶이기 싫다는 말이다. 한국판으로는 "판교 살아요, 송도 살아요"쯤 되겠다.

베이징과 상하이 출신들의 프라이드는 어마어마하다. 박민규 작가의

『삼미 슈퍼스타즈의 마지막 팬클럽』에는 프라이드에 관한 유쾌하고 솔직한 문장이 있다. 그들의 프라이드를 설명하기에 적절한 문단이라 인용을 해본다.

일류대를 졸업한 사람들의 소속감은 일반인들의 상상을 훨씬 상회한다. 아마 마음 같아선 이마 한복판에 '일류대'라는 문신이라도 파고 싶을 것이다. 문신의 글씨체는 '신명조' 내지는 '견고딕'. 글씨의 컬러는 블랙이다.

일류대 대신 지역을 대입하면 딱이다.

현재 중국에서는 돈이 많아도 베이징에 호적을 둔 순수 베이징 사람이 될 수 없다. 즉 순수 베이징 사람은 신라시대 성골급쯤 되는 계급이라고 봐도 무방하다. 태어날 때부터 정해진다. 베이징시에서 모든 사람을 주민으로 받아주면 도시가 마비될 게 뻔하기 때문이다. 이런 특수한 정책 때문에 결혼 상대를 찾을 때 '베이징(상하이) 사람이면 얼굴 안 보고 결혼 가능!'이라는 문구가 나오기도 한다. 오히려 대놓고 말해서 순수해 보일 정도다.

한국도 서울 노른자 땅, 아니 그냥 서울에 집이 있는 '모태 서울 사람'이 인기 있다는 말이 더 이상 우스갯소리가 아니다. 서울 번듯한 집 한 채가 최고 스펙이 되는 시대, 참 팍팍하다.

이력서 한 줄을 위하여

03

꿈의 기업 코트라에 도전하다

어학연수 온 김에 인턴도 하겠다는 다짐을 했다. 그것도 무려 대한무역투자진흥공사(KOTRA)에서. 하겠다고 붙여주는 것도 아닌데, 일단 결심부터 해야 추진력이 생기는 편이다. 코트라는 중국에 진출한 한국 기업을 조사하다가 알게 된 곳인데, 그야말로 운명처럼 느껴졌다. 기업의 비전부터가 정의롭다 못해 영롱하다.

'중소·중견기업의 해외시장 진출과 글로벌 일자리 창출을 선도하는 일류 무역투자진흥기관.'

해외에 진출한 한국 기업을 서포트 해주면서 전반적인 한국 경제 성장에 이바지하는 곳이라니 말 다 했다. 더구나 코트라는 해외 순환 근무가 필수라 통상직 직원의 경우 평균 5회 내외의 해외 근무를 하게 된다. 입사하기만 하면 해외 근무를 몇 년씩 하며 살 수 있다는 점은 그야말로 상상 초월이었다. 해외 생활이 보장되며 대내외적으로 가치 있는 일을 할 수 있다니. 개도국에 갈 확률이 월등히 높다는 것까지 고려하는 건 김칫국을 장독대로 마시는 꼴이라 관뒀다. 어쨌든 최소한 인턴이라도 해봐야 직성이 풀릴 테세다. 기필코 코트라 무역관에서 일해봐야겠다는 다짐을 해본다. 그렇게 무작정 문을 두드릴 준비를 했다.

사실 '무작정', '무계획' 등의 단어에는 이면이 존재한다. 좋게 말하면 혈기 넘치는 도전정신으로 포장할 수 있겠지만, 민폐일 가능성이 더 높다. 하지만 우리가 여기서 역이용할 수 있는 어마무시한 무기가 있었으니, 바로 기성세대들이 목에 핏대 세우며 강조하는 '도전하는 젊음'이다. 한국 사회는 '청춘은 도전해야 한다'라는 아무런 출구도 제시하지 못하는 말을 무슨 만화영화에서 주인공이 악당을 해치웠을 때 세리머니로 명언 날리듯 내뱉는다. 자매품으로 그 유명한 『아프니까 청춘이다』도 있었다. 이다지도 청춘이 도전하기를 바라는데 '무작정', '무모하게' 한다고 돌을 던질 것 같지는 않았다. 덤으로 '대학생이라면 그럴 수도 있지'라는 일종의 면죄부가 주어진다.

당신이 다니는 회사에 취업하고 싶다고 퇴근 시간에 맞춰 불쑥 찾아오는 학생이 퍽 귀찮겠지만, "아, 귀찮아 죽겠네. 그런 건 구글링 해보세요"라고 면전에서 말하는 직장인은 흔치 않을 테니까 말이다. 그들은 하다못해 "막상 오면 별로예요. 도망가세요"라는 영양가 있는(?) 말이라도 할 거라 믿어본다.

어쨌든 주입된 도전정신을 한껏 발휘해 보기로 마음먹었다.

이력서부터 쓰고 본다

드라마 「미생」에는 1화부터 정곡을 찌르는 대사가 나온다.

오과장 : 너 나 홀려봐. 홀려서 널 팔아보라고. 너의 뭘 팔 수 있어?
장그래 : 저의 노력을 팔겠습니다.
오과장 : 안 사! 인마! 왜 안 사겠다는지 알아? 흔해 빠진 게 열심히 하
　　　　는 놈들이거든, 회사라는 데가.

이력서를 쓰는데, 느닷없이 오과장의 말이 울린다. 잔인하지만 백 프
로 동의하는 말이기 때문에 반박할 생각도 안 든다. 그런데 이건 무슨…
쓸 경력이 턱없이 부족하다. 군대 전역하고 일 년째니 당연히 특별한 경
력이 없을 시기이지만, 외국어와 컴퓨터 자격증을 제외하면 해도 너무
할 정도로 입사에 쓰잘데기 없는 자격증과 경험투성이다. 손가락 힘이
세다는 장기를 전문능력으로 개발해야겠다는 일념으로 3개월가량 매일
3시간 이상 마사지를 연습하며 취득한 스포츠 마사지 1급, 세계여행을
감당할 인내력이 있는지 시험하기 위해 도전한 국토대장정 614km, 여
행지에서 통기타의 낭만을 위해 활동한 밴드 동아리 등, 잡탕에 가까웠
다. 이 잡탕 이력서를 최대한 매력적으로 보이도록 새로 디자인했다. 강
점을 부각하여 카테고리를 만들고 필요 없는 부분은 아예 삭제했다. 내
세울 수 있는 부분은 객관식이 아닌 서술식으로 바꿨다.
　나는 첫 단추부터 반대로 끼웠다. 이력서는 회사 측에서 '우리 사람 필
요하니까 한번 지원해 보시오' 하는 모집공고가 떠야 쓰는 게 맞다. 그런
데 나는 거꾸로 했다. 모집공고 따위는 뜨지 않았지만, 일단 이력서와 지

원서를 썼다. 인턴은 어차피 사무 보조 수준이니 그 정도의 중국어와 문서 처리 능력은 자신이 있었다. 그렇다면 이제 패기로 승부를 볼 차례다.

심호흡을 하고 무역관에 전화를 걸었다.

뚜루루루~

"안녕하세요, 코트라 무역관입니다."

차분한 음성의 한국말이 들렸다. 한국인 파견직원분에게 전화를 건 게 신의 한 수다.

"안녕하세요. 저는 현재 중국에서 어학연수 중인 학생입니다. 궁금한 게 있어서 전화드렸는데요. 인턴 모집공고는 보통 언제쯤 뜨는지 알 수 있을까요?"

"인턴이요? 흠… 저희 인턴십은 연계되어 있는 학교의 학생만 받는 걸로 알고 있어요."

"…아, 그러면 현지 채용 인턴은 뽑을 계획이 없으신 건가요?"

"네, 현재로서는 없습니다."

역시, 인생 마음대로 되는 게 하나 없다. 그래도 이왕 지른 거 한 번 더 질러보기로 했다.

"네 알겠습니다. 그런데 혹시 나중에라도 자리가 생길 가능성이 없을까요. 괜찮으시면 이메일로 제 이력서라도 보내드리고 싶습니다."

"음, 네… 정 그러시면 이력서 보내주셔도 됩니다."

"네. 바쁘신데 감사합니다."

'감사합니다'가 아니고 '죄송합니다' 하고 전화를 끊을 뻔했다. 전화를 끊고 바로 이력서와 자소서를 보냈다. 이력서라도 보낼 구실을 위해 '일단 썼고', '일단 보냈다.'

그렇게 한 달이 넘도록 답장은 오지 않았다.

문이 닫혀 있으면 부숴야지

예상했던 시나리오지만 연락은 없다. 이대로 끝낼 수는 없었기 때문에 식품회사, 무역회사 등을 서치하고 컨택까지 했지만, 아른거리는 코트라를 지울 수 없었다. 한 달 정도 지났으니 마지막 발악을 해보기로 마음먹었다. 간단한 안내 멘트와 예스, 노 한마디 덧붙이면 끝나는 대화는 길어도 1분이다. 민원 넣는 성난 시민도 아니니 1분 정도는 내어 주시겠지 하는 마음으로 전화를 걸었다.

"안녕하세요. 저번에 인턴 모집으로 전화했던 학생입니다. 혹시 지금은 모집 소식이 있을까요?"

"안녕하세요. 마침 계약직 모집을 막 시작했어요."

심장이 두근대기 시작했다. 기회의 냄새가 스멀스멀 났다.

"오, 그러면 지원이 가능한 거군요!"

"네 맞습니다. 서류는 이미 확인을 했으니, 다음 주에 면접 한번 봅시다."

개화기 조선시대 임금의 전화를 받는 신하처럼 굽신거리며 통화 종료 버튼을 눌렀다. 와, 이게 바로 기회라는 거구나. 달콤하다 못해 취한다. 드디어 원하던 기회를 잡았으니 백 프로 활용하기만 하면 된다.

몇 번의 대외활동 면접을 통해 깨달은 점이 있다. 면접은 내가 하고 싶은 이야기를 들려주는 게 아니라 면접관이 듣고 싶은 내용을 말해야

한다는 사실이다. 철저한 고객 만족 서비스라고 해야 할까 '나 잘났다!'
보다는 회사의 니즈에 맞춰야 승산 있는 게임이다. 그러기 위해서는 쥐
뿔 경력도 없는 내가 어떤 실질적인 기여를 할 수 있는지를 각인시켜
야 한다.

중국어는 기본으로 깔고 나를 팔 수 있어야 했다. 당시 新HSK 6급을
준비하고 있던 나는 메소드 중국어 면접 스킬이 필요했다.

*한국 본사에서는 이런 식으로 계약직을 뽑지 않는다. 해외 지사 현
지 채용이라서 가능한 프로세스였다고 생각한다. (합격 후 여쭤보니 나처럼
먼저 연락한 사람은 처음 봤다고 하셨다)

면접은 연기다

나이 어린 조무래기가 아닌 '중국어는 기본'이며 실질적인 도움이 될
인재로 보여야 했다.

예상 질문을 준비해보니 대략 40여 개다. 모든 답변을 번역투 중국어
가 아닌 토종 本地人(현지인) 중국어로 싹 바꿨다. 청림의 도움이 없었으
면 불가능한 작업이었다. 예상 질문에 대한 대답은 훈련병이 총기 번호
대듯이 준비했다. 군대에서는 상사가 내 총기를 만지면 즉각 총기 번호
를 대야 한다.

"툭"(총기를 만진다.)

"81번 훈련병 총기 번호 486243!!"

"툭" 하면 "탁" 나올 정도로 연습하니 자신감은 붙었지만, '20살 넘어 중국어를 배운 특유의 바이브'는 숨길 수 없었다. 유아기부터 외국어를 배운 사람과 대학 들어가서 꾸역꾸역 조금씩 배운 사람은 소위 클래스 차이가 어마어마했다. 연기가 필요하다. 잘하는 척하는 연기 말이다.

드라마 「우리들의 블루스」의 이병헌 배우는 경기도 출신인데 제주도 사투리를 맛깔나게 구사한다. 잘 생각해보면 표준어를 쓰는 사람이 사투리를 완벽하게 구사하는 거나, 외국어를 어느 정도 할 줄 아는 사람이 굉장히 잘하는 척을 하는 건 크게 다르지 않다. 면접은 길어야 20-30분. 30분만 물 흐르듯, 당황스러운 질문을 받아도 전혀 당황하지 않은 척, 명확한 발음에 약간은 빠른 템포의 중국어를 할 줄 안다는 연기력이면 커버 가능하다. 연기 준비에 돌입했다.

이미 대본은 달달 외운 상태니, 외운 티가 안 나도록 연기 연습을 했다. 자신감에 가득 찬 표정, 까다로운 질문이면 잠시 고민하며 즉석에서 대답을 하는 척 등 거울을 보며 연기에 돌입했다. 이걸론 부족하다 싶어 평소 친하게 지내던 어학원 선생님에게 모의면접을 부탁했다. 중국은 꽌시 파워가 엄청나다더니 감사하게도 동료 선생님들까지 불러주셔서 모의면접을 하는 영광을 누렸다. 무려 다섯 명의 선생님들 앞에서 돌아가며 질문 사례를 받으며 다시 한번 마무리를 했고, 할 만큼 했다.

덕분에 수십 개의 예상 질문, 준비된 중국어, 연기력이 합쳐져 어렵지 않게 면접을 마쳤고 합격했다. 정식 직원은 아니지만, 꿈에 그리던 코트라에 발이라도 들이밀게 된 것이다.

운칠기삼이라고 했나. 아니 요즘 시대는 운팔기이인 것 같다.

과장님은 직장이 아닌 직업(職業)을 찾으셨나요?

놀랍게도 회사에서 중국어로 말할 기회가 거의 없었다. 한국에서 파견 오신 주재원들을 제외하면 모두 중국인 현지 직원분들이신데, 한국어를 잘해도 너무 잘하셨다. 몇몇 분들은 눈감고 들으면 한국 토박이 수준이다. 나한테도 당연히 한국어로 이야기를 했고, 같은 중국인 직원끼리도 웬만하면 한국어로 의사소통을 하셨다. 상황이 이렇다 보니 고정적으로 중국어를 쓸 기회는 대략 두 번뿐이었다.

"早上好"(좋은 아침이에요), "再见"(안녕히 가세요).

가끔 중한 번역을 할 때가 아니면 중국 회사인지 한국 회사인지 헷갈렸다. 만약 해외 취업을 해도 한국에 본사를 둔 회사라면, 언어가 완벽하지 않아도 할 만하다는 자신감을 갖기에 충분했다. 오히려 연습을 위해 일부러 내가 중국어로 말을 거는 상황이 펼쳐지기도 했다.

한 달이 지나 어느 정도 적응이 되니 '나는 뭐 해서 벌어 먹고 사나?' 하는 근본적인 문제가 머릿속을 맴돌았다. 감사하게도 이미 수많은 진로 고민을 거쳐 떡하니 자리 잡은 직장인들이 눈앞에 수두룩 빽빽하니 그냥 지나칠 수가 없었다. 그들에게 정중하게 인터뷰 요청을 했다. 여러 도시를 돌며 모르는 사람에게 설문조사까지 했는데, 못할 것도 없었다.

중국 직원들의 취업 이유는 다양했다. 공공기관이라는 점, 전 직장이 너무 힘들어서 워라벨을 누리려고 등, 딱히 드라마틱한 동기를 가진 사람은 없었다. 하긴 직장이라는 게 돈벌이가 목적이지 특별한 게 있나 싶다. 다만 중국과 한국 회사의 문화차이는 꽤 있었다. 아래는 지극히 주관적인 중국인 동료들의 답변이다.

① 중국 회사는 점심시간이 길다. 왜냐하면 오침이 보통 포함되어 있기 때문이다. 1시간 반에서 2시간 정도다.

② 중국은 회식 문화가 거의 없다. 1년에 한두 번 있을 정도. 친한 사람끼리 따로 술을 마시러 가는 경우가 대부분이다. 하지만 한국 회사는 회식이 굉장히 빈번한 편이다.

③ 중국은 야근이 거의 없다. 야근이 있는 회사도 있지만, 야근을 자주 하지는 않는다. 그리고 대부분 야근 수당을 지급한다(산업군마다 다르다).

④ 한국에서는 직급이 중요하다. 상명하복 문화가 있어서 상사의 말을 꼭 들어야 한다. 그리고 나이순으로 상사가 되는 경우가 많다. 중국은 나이가 어려도 능력만 있으면 상사의 직위에 금방 오를 수 있다.

가장 궁금했던 질문은 한국인 과장님에게 드렸다.

"과장님에게 코트라는 자신만의 직업을 만들기 위한 경험을 쌓는 곳인가요, 아니면 이미 '직업'을 찾으셨나요? 그렇다면 과장님만의 직업은 무엇인가요?"

직장과 직업의 차이는 엄청나다. 직장은 그저 내가 출근해서 주어진 일을 하는 곳일 뿐이고, 직업은 내가 가진 전문 기술로 스스로 결과물을 만들어내며 수입을 내는 일이다. 전문성과 주도적인 측면에서 차이가 크다. 한국에서 코트라 직원은 엘리트로 불리기 충분하다. 인터뷰에 응해주신 과장님은 30대라는 젊은 나이에 능력, 성품까지 갖춘 분이셨기에 대답이 더욱 궁금했다.

"(정말 좋은 질문이라고 하시며) 코트라 입사 시 해답을 가지고 들어온 것은 아니에요. 회사에서는 조직이 요구하는 것만 해서는 전문지식을 쌓기가 어렵죠. 백세시대인데 60대에 정년퇴직을 할 때, 자칫하면 전문성 없이 퇴직하게 되거든요. 직원 중 일부 극소수 정말 부지런한 사람은 일을 하면서 자신의 전문성을 위해 다른 노력을 병행해요. 또 다른 일부는 회사에 민폐를 끼치면서 자신의 전문분야를 쌓기 위해 노력하고요. 공기업에서는 웬만해서는 짤리지 않아요. 정말 공사에 폐가 되는 일을 하지 않는 이상 정년이 보장되죠. 어떻게 보면 자기 인생을 위해서는 회사에 민폐 끼치면서 본인의 전문성을 찾는 사람이 승리자일 수도 있겠다는 생각이 드네요. 하지만 저는 그런 성격이 되지 못해서 여전히 고민 중이에요."

역시 직업인이 되는 길은 쉽지 않아 보인다. 수년이 지난 지금도 여전히 직업인이 되기 위해 고민하고 노력 중이다. 타고난 여행가답게 내가 원하는 직업인의 모습에는 해외 생활이 포함되어 있다. 해외 지사 파견이든 해외 취업이든 전문능력이 필요하다. 먹고 살기 위해 직장을 가졌지만, 어떤 직업에 내 인생을 걸지는 여전히 고민이 된다. 세월이 흘러 커리어는 쌓였는데, 직업이 없는 사람은 되고 싶지 않다.

과장님은 사회 초년생을 위한 뼈가 되고 살이 되는 말씀도 남겨주셨다.

"인지도가 없지만 좋은 직장이 많아요. 야망이 큰 취준생들은 대기업이나 공기업만 들어가려고 하죠. 실제로 대기업에 입사하는 것과 인지도가 낮은 회사에 입사하는 것은 주변 시선이 다르긴 해요. 그런데 이후 직장생활은 다를 수 있어요. 제 친구 중 한 명은 삼성전자에 들어갔고, 다른 한 명은 인지도가 낮은 부동산 회사에 입사했어요. 그런데 부동산 회사에 입사한 친구의 만족도가 훨씬 더 높아요. 연봉도 삼성보다 적을 뿐이지 일반 기업들보다는 높아서 꿀릴 것도 없고요. 취직을 할 때 열린 마음을 가지는 것이 중요해요. 틈새시장은 항상 존재하고, 그것을 찾는 게 능력이거든요. 기본전제조건으로 자신의 소양을 기르는 것은 당연하고요."

중국에서의 10개월은 내 삶을 지탱하는 커다란 기둥이 되었다. 동서양을 막론하고 다양한 친구들을 사귀었고, 새로운 문화를 받아들이는 법을 배웠다. 인연의 소중함은 물론 국가가 달라도 마음만 먹으면 반드시 다시 만난다는 확신도 든다. '해볼까 말까' 하는 일들을 대할 때는 들이박아 보는 기세도 익혔다. 일단 부딪치면 뭐라도 건지지만, 가만있으면 아무 일도 일어나지 않는다. 남의 말처럼 여겼던 '글로벌'이란 단어가 이제는 정겨워지기 시작했다.

Part 02

여름방학 70일

카우치 서핑과 히치하이킹으로 여행하기

젊을 때
남들 잘 안 가는 곳으로

'나는 아무것도 바라지 않는다. 나는 아무것도 두려워하지 않는다. 나는 자유다.'

『그리스인 조르바』를 쓴 니코스 카잔차키스의 묘비에 적힌 글귀다. 지금 이 순간을 즐길 줄 아는 조르바는 언제나 자유인이다. 그를 동경하는 나는 여행지에서만큼은 자유인이 되기로 마음먹었다. 그런데 말이다, 사람 마음먹은 대로 다 되나? 그게 가능했으면 나는 이미 지구 몇 바퀴를 돌았을 테다.

자유인이 되기 위한 치밀한 환경설정이 필요했다. 남의 시선에서 해방되면 우리는 자유로움을 느끼고 한층 더 과감해진다. 여행지에서 '남'

은 한국인이다. 이 모든 상황을 고려해서 고심 끝에 만든 여행 루트는 다음과 같다.

라오스-중국(동티벳,신장위구르자치구)-우즈베키스탄-카자흐스탄-아제르바이잔-조지아-아르메니아-러시아-일본-한국

이 코스에는 두 가지 테마가 있다.
① 외국인 친구가 살고 있는 도시로의 여행이다.
② 아직까지 한국인들에게는 인기 여행지가 아니다.
나이 들면 패키지로도 쉽게 가기 어려운 국가들이라 더욱 만족스럽다. 한마디로 퍼펙트하다.

여행의 콘셉트는 죽이 되든 밥이 되든 할 거 하면서 혼자 떠나는 여행이다. 즉 낭만에 몰빵하여 1~2년씩 휴학하며 여행을 떠나는 게 아닌, 학기를 이수하며 틈틈이 중장기 여행을 해야 한다. 굳은 결심을 했다. 여름방학 70일을 온전히 여행에만 쓰겠다고. 기말고사가 끝남과 동시에 출발하여 개강 후 오티 며칠을 빼먹으면 70일 정도의 시간이 확보된다. 첫 장기 배낭여행이었기에 70일 정도면 꽤나 낭만적으로 보였다. 80일이면 세계일주도 한다는데, 이 정도면 충분하다. 짜릿하다.

엄마와 단둘이 라오스

01

비엔티안-빡세-볼라벤-참파삭-돈뎃-비엔티안

라오스는 단조롭고 여유롭다. 포카리스웨트 광고에나 나올 법한 맑은 하늘색에 뭉게구름까지 더해져 무척이나 평화롭다. 하루에 세 번 이상 하늘을 바라보는 사람은 긍정적인 마음을 가지고 있다고 들었는데, 라오스에서는 누구든지 목이 아프도록 하늘을 쳐다보게 된다.

순월 씨는 이렇게 말했다.

"평생 볼 구름을 라오스에서 다 본 것 같네. 툭툭이 타고 누워서 보는 하늘 맛이 너무 좋지 않니?"

어떻게 다들 이렇게 여유롭지?

우리 엄마 순월 씨와의 여행은 낯설지 않다. 가족 여행을 제외하고 단둘이서 떠난 여행은 대마도 1박 2일이 전부이긴 하지만, 우리는 어느 정도 쿵짝이 맞는다. 휴양지보다는 아름다운 자연이나 유적지를 보러 다니는 땀 냄새 나는 여행을 좋아하며, 낯선 환경을 즐긴다(순월 씨는 명색이 사학과 출신이다). 순월 씨와 함께하는 여행의 즐거움은 이뿐만이 아니다. 순월 씨는 내가 평소에 전혀 관심을 두지 않았던 부분들을 자극한다.

순월 씨와 함께 걷다 보면 신경도 안 쓰고 지나칠 법한 풍경에 대해 재잘거리게 된다. 우리는 길거리 담벼락의 독특한 패턴과 재질에 관해 이야기한다. 50대 후반쯤 되면 세상만사에 무뎌지고 돈과 먹고사는 이야기에 매몰될 법도 한데, 여전히 호기심이 많으시다. 덕분에 순월 씨랑 같이 있으면 낯선 땅의 사람들은 어떻게 생활하는지 관찰하고 이해하는 데 집중하게 된다.

하지만 우리는 마냥 평화롭지는 않다. 순월 씨는 주관이 강하고 나도 만만치 않다. 아무거나 고분고분 받아들이지 않는다. 거기에 부산 사투리 특유의 퉁명스러움이 더해져서 가끔은 살벌하기도 하다. '이번 여행의 콘셉트는 죽이 되든 밥이 되든 할 거 하면서 혼자 떠나는 여행이다'라고 했는데 그럼에도 불구하고 라오스만큼은 순월 씨랑 동행하고 싶다는 생각을 했다. 순월 씨는 10여 년 전부터 24시간 돌아가는 고깃집을 운영하시면서 제대로 된 휴가라는 게 없었다. 여느 자영업자들이 입에 달고 사는 '경기가 안 좋다', '장사가 안 된다' 등의 말을 수백 번 호소했다. 이런 순월 씨에게 나름의 휴가를 주고 싶었다. 패키지여행은 도저히 성에 차지 않으시니 내가 동행하는 게 최선이다.

여행지는 일사천리로 결정되었다. 순월 씨랑 감성적으로 잘 통하는 대학 후배 진석이 삼촌이 라오스 남부 여행을 적극 추천해 주었기 때문이다. 대부분의 여행자는 라오스 북부여행을 한다. 방비엥과 루앙 프라방, 두 곳은 소위 라오스 여행의 정점이라고 불린다. 저렴하게 수상스포츠를 즐기기 좋은 코스에 아름다운 자연은 덤이다. 그러나 수영을 못하는 순월 씨와는 코드가 안 맞았다. 고로 우리는 고요하고 평화로운 데다 자연경관까지 혼재해 있는 남부지역을 택했다. 그렇게 우리는 남들이 국경 건널 때 빼고는 굳이 가지 않는 라오스 남부로 향하게 되었다.

6월 말 라오스의 후텁지근함은 한국과는 사뭇 달랐다. 예고 없는 소나기는 시원하기보다 찝찝했다. 나는 얼굴이 타지 않기 위해 양산 대신 우산을 쓰느라 바빴고, 순월 씨는 부채질을 하느라 바빴다. 이런 와중에도 길에서 만나는 라오스 사람들은 대부분 눈인사를 해주었다.

"사와만디!"(안녕하세요!)

따뜻한 인사 한마디 건네고 지나가는 분들도 꽤 계신다. 그들은 한결같이 우리 모자에게 따뜻한 웃음을 흘렸다. 불자의 나라답게 참 자애롭다. 가까운 거리라 걸어가려 했던 곳도 툭툭이(오토바이 택시) 아저씨의 선한 웃음에 홀려 비좁은 의자에 엉덩이를 비집기도 했다. 물론 물가가 싸서 더 기분 좋게 탔다. 이쯤 되니 의문이 생겼다. 낯선 이에게도 따뜻한 인사를 나눌 수 있는 여유는 어디에서 나올까.

"라오스 사람들은 이 쪄 죽을 것 같은 더위에서도 어떻게 이성을 잃지 않고 젠틀한 품위를 유지할 수 있죠?"

우산으로 얼굴을 가린 채 내가 물었다.

"그러니까 말이다. 사람들이 순박하고 여유가 있어 보이니까 기분이 좋노."

순월 씨는 한껏 탐구심에 가득 찬 눈으로 나를 봤다. 순월 씨는 새로운 문화나 상황을 접할 때 세로토닌이 분비되는 게 틀림없다.

"오히려 너무 여유 있어서 좀 느린 것 같지 않아요? 사람도, 가게도, 툭툭이도. 선진국 되려면 빨리빨리 움직여야 하는 거 아닌가?"

"이 땡볕에 뭘 그렇게 우리처럼 아둥바둥 살겠노. 이런 기후에 사람들이 여유롭고 순박한 것만 해도 엄청난 거다."

듣고 보니 맞는 말이다. 라오스는 1년 내내 더우면서 무려 5개월간 우기다. 라오스 사람들의 여유로운 삶의 근원이 궁금했다.

며칠간 라오스에서 시간을 보내니 약간은 이해가 간다. 국교가 존재하는 나라의 특징은 종교가 국민의 분위기를 지배하는 경향이 있다. 라오스의 국교는 불교로, 69%가 붓다를 신봉한다. 더구나 여기는 사원의 불상부터 심상치 않다. 턱을 괴고 세상 편안하게 누워있는 황금 와불상 등 여타 불상들의 표정도 온화해 보인다. 전체적인 분위기가 여유롭고 편안하게 느껴졌다. 그래, 이런 땡볕에서 뭘 그렇게 빠르게 다니겠는가. 그저 천천히 여유롭게 지내는 게 모두에게 이로워 보였다. 너도 여유롭고 나도 여유로우면 짜증 날 필요가 없다. 이 더위에서 살아남기 위한 결과가 느림의 미학이 아닌가 싶다.

과시하지 않고, 바라지도 않고, 내주는 이들

라오스 사람들에 대한 호감과 관심이 날로 높아지는 와중에 빡세(Fakxe)에서 호기심을 어느 정도 해소할 기회가 생겼다. 1년 8개월째 장기 거주 중인 한국인을 만나, '이방인의 시선에서 본 라오스'라는 귀한 이야깃거리를 따냈다. 역시 호기심의 끈을 놓지 않으면 결과가 뒤따르기 마련이다.

빡세 관광을 검색하다가 한국인이 운영하는 라면집이 있다는 정보를 입수했다. 사장님은 라면집을 운영하시면서 한국인 여행자들에게 여행 정보를 공유해 주시는 분이라고 한다. 한국인이 그립지도, 한국 음식이 땡기지도 않았지만, 장기 거주자가 본 라오스인은 어떤지 이야기를 듣고 싶어서 가게를 방문했다. 가게 문 앞에는 사장님의 카카오톡 아이디와 함께 '도움이 필요하시면 연락 달라'는 한국어 문구가 있었다. 주저 없이 카톡을 보냈다.

'안녕하세요. 오늘 빡세로 어머니랑 함께 여행 온 대학생 여행자입니다. 여행 관련 문의가 가능하다고 해서서 연락드립니다.'

일 분 만에 답장이 왔다.

'계신 곳으로 갈게요.'

애국심이 불끈 솟아나는 순간이었다. 이래서 한민족인 거구나.

사장님은 영화 「모터사이클 다이어리」에서 본 것 같은 오토바이를 몰고 한걸음에 오셨다. 헬멧에 붙인 노란 별 스티커가 인상적이었다. 사장님과는 첫 만남부터 코드가 잘 맞았다.

"사실 저도 여행하다가 언젠가 타국에 정착해서 살아보고 싶은 로망이 있어요. 사장님의 정착 스토리랑 이곳에 살면서 느낀 라오스 사람들에 대해 인터뷰해도 될까요?"

"좋죠. 안 그래도 예전에 방송국 사람들이 와서 촬영하고 인터뷰도 했었는데, 저보고 방송 체질이라고 하더라고요, 하하하."

방송국 물을 먹어본 사장님은 감사하게도 흔쾌히 수락하셨다. 맘이 바뀔세라 서둘러 삼각대를 설치하고 스마트폰 동영상 버튼을 눌렀다.

"사장님, 자기소개를 먼저 해주세요."

"저는 1년 8개월째 지내는 중이에요. 라오스 사람들이 주는 맛 때문에 남게 된 거죠. 소박함이랄까…. 그들은 스스로를 과시하지 않고, 남에게 바라지도 않고 무언가를 내주거든요. 제일 중요한 것은 사람이에요. 주변 국가인 태국이나 베트남 등과는 다른 것 같아요. 외지인에 대해 벽이 없어요. 포용력이 있고, 되게 관대해요. 그게 큰 매력이죠. 라오스 사람들이 언성 높이면서 싸우는 걸 못 봤어요. 정신 이상자들을 만나지도 못했고요. 그들은 타인에게 피해 주지 않고, 적을 만들지 않으려고 해요."

사장님은 조곤조곤 정착 스토리를 말씀하시기 시작했다.

"라오스인들이 관대하다는 말씀에 엄청 공감이 되네요. 라오스어도 곧잘 하시던데, 오셔서 배우신 거예요?"

"라오스어는 와서 독학으로 배웠고, 지금도 잘하진 못하지만, 의사소통에 크게 문제는 없어요. 사실 라오스에서는 언어가 크게 문제가 되지 않아요. 왜냐면 여기는 사람들이 관대해서 알아들으려고 노력을 하기 때문이에요. 힘들 때 라오스에 와서 치유 받은 부분들이 있어요. 어느 순간에 믿음이 깨졌다면 라오스에 이렇게 오래는 안 있었을 것 같아요. 여기 사람들이 절대 나를 해치지 않는다는 믿음이 있거든요. 당연히 살면서 조금씩 어려움은 있겠죠. 하지만 기본적인 믿음은 있으니까 버틸 수 있어요. 라오스 사람들은 오지 않을 내일에 대해 걱정을 아주 덜 합니다. 지금 이 순간이 행복하면 된다는 사고방식이죠. 이런 사고방식을 라오스 사람들에게 배우는 중이에요. 저도 오지 않을 미래에 대해 생각하는 것은 무의미하다고 여겨요. 한국에서는 노동을 해서 금전적인 가치를 얻고, 저축을 하든지 2세에 투자하는 등 내일을 위해 투자하죠. 저는 부양가족이 없으니 덜 할 수도 있어서 자유로운 편이죠. 몇 년 후에는 이런 말을 한 걸 후회할 수도 있어요. 하지만 지금 좋기 때문에 상관하지 않아요."

이과 출신 사장님과의 인터뷰는 예상외로 상당히 철학적이었다. 그의 이야기를 들어보니 역시 나만 라오스 사람들에게 매력을 느낀 게 아니었구나 싶었다. 하지만 단순히 매력적이라고 지칭하기에 그들은 정말 위대했다.

"스스로를 과시하지 않고, 남에게 바라지도 않고 무언가를 내주거든요.”

이는 부처의 현신이 아닌가? 미륵불은 궁예가 아니고 라오스 사람들이었다.

순월 씨와의 기쁨과 슬픔

순월 씨와의 평화는 오래 지속되지는 않을 거라고 예상했다. 그렇다고 빡세에 도착해서 하루 만에 일이 터질 줄이야. 나는 MBTI-J(계획형 인간)지만, 그렇다고 여행계획을 시간대별로 세세하게 짜지 않는다. 예를 들면 큼직하게 '빡세', '왓푸', '돈뎃' 등 가고 싶은 곳의 지역과 유적의 루트 정도만 슬쩍 알아볼 뿐이다. 스스로 길치임을 인정하기 때문이다.

이렇게 느슨해야만 새로운 일이 발생했을 때 상황을 즐길 수 있다. 하지만 문제는 여기서 비롯됐다. 순월 씨와 함께 하는 여행이라는 점이다.

사실 내 불찰이 컸다. 왓푸 가는 1일 투어 시간을 제대로 알아보지 못해 시간을 놓쳤다. 우리는 애매하게 반나절 이상을 통으로 날릴 위기에 처했다. 당장 다른 곳을 갈 수도 없었기 때문에 별다른 할 일이 없었다. 그래서 침대에 앉아 노트북으로 작업을 하기 시작했다. 이때만 해도 여행 초반이었기 때문에 여행 기록과 영상 작업에 정신이 팔려있었다. 하지만 순월 씨는 아니었다.

"니는 세계여행 한다는 애가 제대로 안 찾아보고 오나?"

"이미 놓친 거 어쩔 수 없잖아요. 그냥 좀 쉬면서 이것저것 하면 되죠."

이 말은 분명한 기만이었다. 나는 무려 70일짜리 여행이었지만, 순월 씨는 일주일이 채 안 되었기 때문이다. 평소의 나였으면 절대 해외여행까지 와서 숙소에서 뒹굴지 않는다. 여행 스타일이 비슷한 순월 씨도 마찬가지다. 상황은 점점 험악해져 갔고, 결국 파탄에 이르렀다.

"여행 와서 컴퓨터 할 거면 뭐하러 왔노? 나는 내 혼자라도 나간다."

이 말을 남긴 채 순월 씨는 진짜로 혼자 나가셨다. 순월 씨 성격에 잡아 봤자 화만 돋울 게 뻔했다.

몇 시간 후 놀랍게도 순월 씨는 밝은 얼굴로 돌아왔다. 어깨에 멘 가방을 풀 생각도 하지 않고 빛나는 눈으로 마을 풍경을 노래했다.

"이거야말로 힐링이다. 숙소 근처 관광지를 벗어나니 양옆으로 길게 자리 잡은 가옥들이 쭉 있더라고. 한쪽은 강을 끼고 있고, 다른 한쪽은 논밭이 끝없이 펼쳐져 있고. 큰 나무 밑에는 새끼줄을 목에 찬 흑돼지가 너무나도 편한 모습으로 누워있는데…. 와, 무슨 동화책 보는 줄 알았다.

논밭에 모여서 도란도란 이야기하는 농부들도 평온한 얼굴을 하고 있고 말이야. 길가에는 어린아이 둘이서 함박웃음을 지으며 걸어가는데, 글쎄 어깨에 작대기를 둘러메고 있는 거야. 그 작대기 끝에는 도시락 같은 게 대롱대롱 걸려있고. 집 마당에 앉아 있는 꼬맹이는 부시시한 모습으로 옷을 개고 있고, 개들은 자유롭게 이리저리 돌아다니고. 이 풍경을 니도 봤으면 좋았는데 아쉽노."

빡세 주민들에게 감사할 따름이다.

그들 덕분에 우리는 극적으로 빠르게 화해했다. 순월 씨 머릿속에는 이날의 풍경이 지금까지 남아있다고 한다. 우리는 언제 그랬냐는 듯 저녁을 먹으러 나갔다. '신닷'이라는 라오스식 삼겹살 샤브샤브를 먹었는데, 이게 지금까지 기억에 남는 유일한 라오스 음식이다. 풀네임은 '신닷 까올리'로, 번역하면 '한국식 바비큐'다. 대패 삼겹살보다 살짝 두꺼운 정도의 삼겹살에 육수가 들어간 불판은 한국과 라오스의 언저리쯤 있는 음식 같았다.

"이거 우리 고깃집에서도 해볼까? 엄청 잘 팔리겠는데."

여행지에서도 사장님 포스가 물씬 나는 순월 씨였다. 맛있는 음식을 먹으면 기분이 좋아지는 사람과의 여행은 즐겁다. 몇 년 전 캄보디아에서는 재스민 쌀로 만든 재스민 볶음밥이, 라오스에서는 신닷이 남았다.

며칠 뒤 짧은 라오스 여행을 마무리하고 비엔티안 공항으로 향했다. 순월 씨는 공항 식당에서 작별인사를 하며 패키지여행을 찬양했다.

"이번 여행을 하면서 패키지여행의 은공을 알게 됐다. 다 짜주는 게 얼마나 편안한가."

순월 씨가 한껏 웃으며 말했다.

"아니 엄마, 패키지 싫어했잖아요."

"여행사의 의도적인 방향으로 움직이는 걸 싫어했지. 그런데 그 의도적인 게 우리를 얼마나 편안하게 만들었는지 이제 깨달았다."

그도 그럴 것이 우리는 하나라도 더 보려고 참 많이도 쏘다녔다. 20대는 버틸 만했지만, 50대인 엄마에게는 힘에 부칠 만했다.

"니는 이 힘든 여행을 어떻게 70일이나 할라 그러노. 대 죽겠다. 그래 고생하고. 나는 드디어 간다!"

순월 씨는 출국 수속을 밟으며 누구보다 행복하고 개운한 표정으로 손을 흔들며 인사했다.

라오스와 캄보디아 아이들에 대해서

순월 씨 고깃집에서 몇 년간 든든하게 야간 알바를 했던 캄보디아인 '세이야'는 단호하게 말했다.

"캄보디아 사람들은 언성을 높이지 않아요."

만약 그들이 언성을 높인다면 이미 손절할 각오를 했다는 뜻이라고 한다. 그만큼 사람들이 함부로 싸우지도 않고 대체로 온화하다. 세이야 본인 역시 그랬다. 같은 한국인인 게 부끄러울 정도인 진상 손님들을 대할 때에도 절대 언성을 높이지 않았다.

몇 년 전 가족 해외여행으로 캄보디아를 다녀왔다. 앙코르와트가 보고 싶은 데다, 세이야 말처럼 사람들도 그렇게 온순하다면 문제가 없으니 빠르게 결정되었다. 고등학교에서 역사를 가르치는 작은 이모도 합세했다. 실제로 캄보디아에서는 공항 입국심사대에서 순월 씨에게 돈을 뜯으려 했던 직원 한 명을 제외하면 딱히 불쾌감을 느껴본 적이 없었다 (이미 약간 미화된 기억일 수도 있지만).

라오스와 캄보디아의 공통점이라면 어린아이들이 노동을 한다는 것이다. 그것도 노동의 최전방인 판매를 한다. 아이들 대부분은 영업 조기 교육을 받는 셈이다. 내가 본 바로는 라오스 남부의 아이들은 노점상에서 물이나 음료수, 과일 등을 팔고, 캄보디아 아이들은 관광객이 많은 유적지에서 매우 당돌한 표정으로 편지지와 자석 등을 구매해 달라고 직접 판매, 또는 애원을 한다. 아이들의 감각은 야생적이다. 어떤 표정과 몸짓을 해야 팔리는지 안다. 그들은 어느새 내 손에 각종 엽서와 마그네틱을 쥐어주곤 했다. 그들은 이미 프로다.

캄보디아인 가이드는 아이들에게 돈을 주지 말아 달라고 당부했다. 아이들이 쉽게 받는 돈에 익숙해져 학교를 안 갈 수도 있기 때문이다. 여행을 준비하며 구걸하는 아이들에게 돈 대신 학용품을 주고 왔다는 글을 본 적 있다. 돈이 아니라 학용품이라니. 기막힌 생각이다.

"이모, 캄보디아 가서 돈 말고 연필이나 사인펜, 색연필을 주는 건 어때요?"

"오, 그거 진짜 좋은 생각이다. 학용품은 내가 준비해 갈게."

실제로 캄보디아 아이들에게 10년 넘게 기부를 하고 계시는 작은이모는 학용품 한 보따리를 싸 들고 오셨다. 이 야심찬 선물을 나눠줄 기회는 두 번 있었다.

첫 번째는 나룻배를 타고 어디론가 천천히 향하고 있을 때였다. 반대편에서 아이들 대여섯 명을 태운 나룻배가 천천히 다가왔다. 우리를 슥 보더니 앞머리가 삐죽 솟아오른 남자아이가 손을 내밀며 캄보디아어로 말을 걸었다.

"뭐라도 좀 주세요."

느낌의 캄보디아 말이었다. 뭔가 달라는 눈빛과 손 모양은 확실했다. 이때다 싶어 이모는 웃으며 사인펜 다발을 건네줬다.

"자, 공부 열심히 해라."

이모는 어차피 영어가 안 통하는 아이들에게 한국어를 시전하셨다. 고등학교 선생님답게 공부 열심히 해라는 말을 빼먹지 않고 말이다. 남자아이는 당황하며 일단 받았다. 마지못해 받았다는 표현이 더 어울릴지도 모르겠다. 그 다음 행동은 참 섭섭했다. 남자아이는 친구들과 사인펜을 한 번씩 번갈아 보더니 바닥에 툭 던졌다. 버린 것은 아닐 거라고 믿는다. 어쨌든 땅바닥이 아닌 본인이 타고 있던 나룻배 바닥에 놓은 거니까. 다만 사인펜이 바닥으로 떨어지는 속도와 각도를 보면 내동댕이쳤다는 말도 틀리지 않았다는 점이다. 그렇게 아이들을 태운 나룻배는 유유히 사라졌고, 우리는 약간의 마음의 상처를 입었다.

"Hello!"

식당 옆 테이블에 앉은 초등학생처럼 보이는 여자아이가 두 손을 마구 흔들며 먼저 인사를 건넸다. 먼저 말을 걸어 주다니, 사인펜을 주기에 최고의 타이밍이다. 하지만 무턱대고 무언가를 주는 건 곤란하다. 조금 더 잘 사는 나라에서 왔다고 물건 하나 툭 던져주는 건방진 사람으로 오해받기 딱 좋다. 돈을 달라고 요구하는 아이도 아닌 데다가, 같이 앉아 있는 부모들도 얼굴에 윤기가 흐르는 걸 보니 한 살림하는 가족임에 틀림없다.

아이의 부모에게 이상한 사람이 아니라는 걸 증명이라도 하기 위해 한껏 웃으며 아이가 앉아 있는 테이블로 다가갔다.

"Can I sit here?"

"Sure."

"Can you speak English?"

큰 눈으로 올려보며 고개를 가로젓는다. "Sure"까지가 한계였나보다. 서둘러 라오스 한글 번역 어플을 켜서 자기소개를 했다. 그리고 곧바로 가방에서 사인펜을 꺼내 아이에게 주었다.

"Thank you."

아이의 부모님은 살짝 놀란 듯하며 웃는 얼굴로 대신 말했다. 센스 있는 아이는 종이에 라오스어로 뭐라고 적어줬다. 아마도 고맙다는 뜻인 것 같았다. 아이러니하게도 구걸하는 아이에게 조공 바치듯 선물을 주는 것보다 한여름의 산타를 자처하는 게 효과는 더 좋았다.

해봤어?
카우치 서핑

02

호기심으로 사리사욕 채우기

"결혼할 때까지 차 살 생각 없는데?"

자동차 이야기가 나오면 내가 종종 하는 말이다.

차에 도통 관심이 없는 데다가, 대중교통이 엄청나게 발달된 한국에서 태어난 김에 그 혜택을 톡톡히 누려야겠다는 심보다. 덜커덩거리는 지하철 의자에 앉아 사람들 구경하는 것도 한몫한다. 특히 내 앞에 중장년층 어르신이 앉아 있으면 그 사람의 표정, 옷차림, 행동을 관찰하며 생각한다. '저 사람은 어떤 인생을 살았을까?' 맞은편에 비범한 아우라를 뽐내는 사람이 앉아 있을수록 더 흥미롭다.

사람에 대한 호기심은 크지만, 불쑥 들이대며 '저기 저랑 이야기 좀 하실래요?' 하고 묻기에 한국은 너무 방어적이다. 사실 누군가 나에게 그렇게 다가와도 '도를 아십니까?'라고 여기고 못 들은 척 지나갔을 것이다. 하지만 외국인에게 접근할 때는 다르다. 실제로 학교 구내식당에서 처음 보는 외국인 교환학생들에게 말을 걸어 친구가 된 적이 심심치 않게 있었고, 그들과의 대화는 훨씬 흥미진진했다. 낯선 나라의 문화와 사상들은 내 눈을 뒤집기에 충분했다.

그래 바로 이거다.

여행을 하면서 내 사리사욕을 채우기로 마음먹었다. 어떻게든 현지인들을 만나 온갖 이야기를 나누기로 말이다. 자칭 리포터, 아니 더 멋있는 특파원이 되련다. 벌써부터 『땡땡의 모험』의 땡땡이 된 느낌이다.

자고 있을 때 칼에 찔리면 죽잖아?

'나는 이러이러한 생각을 하면서 살아가는데 너는 어떤지, 뭐하면서 살고 싶은지, 그곳의 집값 사정은 어떠한지…'

이왕 여행 가는 김에 나와 다른 국가, 문화권의 사람들은 어떻게 살아가는지 직접 만나 이야기해보고 싶다. 때문에 좀 더 효율적으로 현지인들에게 다가갈 수 있는 플랫폼이 필요했다. 결국 나와 비슷한 흥미를 가진 사람들을 쉽게 만날 수 있는 무언가가 필요한 것이다. 그러다 어느 여행 에세이에서 '카우치 서핑'에 대해 언급했던 게 퍼뜩 떠올랐다.

카우치 서핑(couch surfing)을 한마디로 말하자면 여행 품앗이다. 지식백과의 말을 빌리자면 '여행자가 잠잘 수 있는 소파(couch)를 찾아다니는 것(surfing)'을 뜻한다. 즉 여행자는 로컬 호스트를 만나 이야기를 나누고, 마음이 통하면 그 사람의 집에서 며칠간 머무르며 같이 지낼 수도 있다. 호스트는 여행자를 만나 서로의 여행 이야기를 공유하며 즐겁게 시간을 보낼 수 있다. 여행자는 숙소를 해결하며 현지인을 만나서 좋고, 호스트는 여행의 갈증을 방구석에서 해결할 수 있기에 상부상조라고 할 수 있다. 이 아름다운 인터넷 여행자 커뮤니티에는 전세계 10만여 도시에서 약 600만 명의 회원이 활동하고 있다(코로나 전까지는 그랬다).

하지만 낯선 나라에서 생판 처음 보는 사람(대부분 인종도 다르다)의 집에서 잠을 잔다는 건 상당한 용기가 필요했다. 웃기지만 가장 두려웠던 건 피살이다. 확률적으로 카우치 서핑을 하는 순간 '죽음의 가능성'이라는 게 발생한다. 마이크 타이슨도 자고 있을 때 칼로 목을 찌르면 죽는다. 삼국지의 장비도 술 먹고 자다가 부하들 칼에 찔려 죽었다. 물건이나 돈을 훔쳐 갈 위험도 있지만, 기본적으로 생명 보장이 되지 않는다. 말 그대로 객사(客死)다. 시체도 못 찾을 게 뻔하다.

다행히도 그 걱정을 조금 덜어주는 레퍼런스(추천서)라는 게 있다. 카우치 서핑 사이트에서는 함께 시간을 보낸 상대방에게 레퍼런스를 남길 수 있다. 그 레퍼런스는 글쓴이가 삭제하지 않는 이상 계속 존재하기 때문에 나름 객관적 판별이 가능하다. 상대가 약속을 안 지키거나, 더럽거나, 변태이거나, 사이코라면 거를 수가 있다. 어느 정도 위험을 동반하는 플랫폼이지만 굉장히 매력적이었다. 여행이 좋아서 낯선 여행객을 집으로 초대까지 하는 사람들을 만날 수 있는 기회다. 반드시 잡아야 했다.

인간과 짐승의 차이는 도구를 쓰는 것이라고 했으니, 나도 그 도구를 써볼 요량이다.

우즈베키스탄에서
남정네들이랑

03

타슈켄트

우즈베키스탄(이하 우즈삐)의 수도이자 중앙아시아에서 가장 큰 도시
다. 2023년 기준 인구수는 260만여 명이다. 튀르크어로 '돌의 도시'라
는 뜻이다.

지하철에서 만난 무슬림과의 동침

"네. 지금 가는 중이에요. 조금만 기다려요."

오랜만에 들어보는 한국어에 고개가 확 돌아갔다. 목소리의 출처는

한국인이 아닌 금발에 파란색 브릿지를 넣은 백인 여자였다. 반갑고도 놀라운 마음에 그녀가 전화를 끊자마자 말을 걸었다.

"오 한국어 잘하시네요?"

원어민 수준의 한국어를 구사하는 이 친구 이름은 카밀라다. 한국인 남자와 결혼하여 타슈켄트에서 같이 살고 있다고 한다.

"그거 알아요? 우즈벡 사람들은 외국인을 엄청 좋아해요."

이 말은 사실이었고, 우즈벡 여행이 끝나는 날까지 복에 겨운 환대를 받았다. 우즈벡 편을 읽다 보면 당신도 비행기 표를 예매하고 싶은 충동이 들지도 모른다.

카밀라는 바쁜 와중에도 나를 게스트하우스 앞까지 태워다 주었다. 타슈켄트 공항에서 어떻게 하면 저렴하게 숙소까지 갈 수 있을지 궁리하고 있었던 나에겐 단비 같은 호의였다.

첫 출발이 굉장히 순조롭다. "너가 묵을 숙소는 가격은 싸지만, 위치가 안 좋으니 다음에는 셔틀버스가 있는 좋은 곳에서 묵어"라는 충고까지 남긴 채 그녀는 떠났다.

우즈벡에서 처음 시도해 본 카우치 서핑은 생각보다 신통치 않았다. 호스트를 구한다는 글을 너무 급박하게 올렸는지, 집에 초대해 주겠다는 고마운 사람은 아직 나타나지 않았다. 뭐, 현지인 친구가 없다고 여행을 못 할 건 아니기에 에메랄드 빛 모스크(이슬람교 예배당)를 보기 위해 지하철로 향했다.

우즈벡 지하철 안에는 안내방송 스크린이 없다. 덕분에 여기가 어느 역인지, 환승은 언제 해야 하는지 알 턱이 없다. 거기다 타고난 길치의 성향까지 더해지니 지하철 타는 것 자체가 모험이다. 두리번거리며 환승 게이트를 찾는 중에 웬 젊은 여자가 말을 걸었다.

"제가 도와드릴까요?"

큰 눈, 뚜렷한 이목구비, 큰 키에 밝은 미소. 우즈벡 여행을 준비하며 내심 고대했던 장면이다. 한국인의 프레임 '장모님의 나라 우즈벡'이 궁금했던 건 사실이다. 말로만 듣던 우즈벡 미인과 대화의 물꼬를 트는 영광의 순간이다.

"네, 환승하려면 어디로 가야 할까요?"

재빨리 미소를 지으며 답했다. 그런데 이 여성분, 영어를 많이 못한다. "Nice to meet you", "May I help you?" 같은 기본 문장만 구사할 뿐, 다음 단계의 소통은 거의 불가능했다. 하지만 영어를 못하는 게 오히려 감동이다. 불안한 눈동자의 외국인을 돕기 위해 먼저 서투른 영어로 말을 걸어 주다니. 한창 내적 감동을 받고 있는 찰나 옆에서 지켜보던 웬 까무잡잡한 남자가 말을 건넸다.

"제가 도와드릴 수 있어요"

이 청년의 이름은 '나지르'다. '우즈벡 미인과 즐거운 눈동자 대화를 나누고 있던 도중 끼어든 불청객' 이게 나지르의 첫인상이었다. 확신에 찬 태도로 다가온 그는 '환승', '목적지' 등의 단어를 알아들었다. 아쉽게도 우즈벡 미인과의 대화는 "스파시빠"(고맙습니다)를 외치며 자동으로 종료됐다. 이름조차 물어보지 못한 채 말이다.

"나 한국 엄청 좋아해. 너만 괜찮다면 내가 타슈켄트 투어를 도와줄게."

"오, 한국에 관심이 많은가 보네. 고마워."

심드렁했지만 애써 밝은 톤으로 대답했다.

"만약 너가 괜찮다면 우리 집에서 자고 가. 내 친구는 한국 요리도 할 줄 알아. 같이 놀자."

처음 보는 사람에게 재워준다니. 굉장히 수상하다. 한국이었다면 바로 사이비를 넘어 장기 매매라고 판단하고 못 들은 척 무시했을 멘트다. 하지만 조곤조곤 이야기하는 그의 얼굴에서 도무지 악의가 느껴지지 않았다. 거기다 이 청년, 자세히 보니 눈빛에서 총기가 느껴진다. 선한 인상에 총기 있는 눈동자. '나는 착하다'를 적극적으로 표현하는 인상이다. 느낌으로 사람을 판단하기엔 세상이 너무 각박하고 가혹하지만, 그래도 대화를 이어가 본다.

"말은 고마운데 그건 모르겠어. 이미 게스트하우스에 3일치 돈을 냈거든."

하루 10달러였지만, 배낭여행자에겐 큰돈이었다. 머뭇거림을 눈치챈 나지르가 한 번 더 설득한다.

"나는 법학대학을 다니고 있고, 몇 년 후엔 석사 학위를 받으러 한국에 갈지도 몰라. 국제 변호사가 꿈이거든."

역시, 괜히 총기가 느껴지는 게 아니었다. 다른 것보다 나의 사람 보는 눈에 스스로 감탄했다. 나지르는 자기가 안전한 사람이라는 걸 입증하고 싶은 듯 학생증을 보여줬다. 한술 더 떠 자기 학교는 우즈벡에서 가장 좋은 학교라고 자랑한다(알고 보니 가장 좋은 학교는 아니었다). 학생증은 모조품이라고 하기엔 너무 훌륭했다. 애당초 호스트를 못 찾아서 게스트하우스에 머물고 있던 나에겐 고마운 제안이기도 했다. 직감을 믿어보기로 하며 왓츠앱 번호를 교환했다. 머나먼 타국 길거리에서 만난 낯선 남자와의 동침이 이루어지는 역사적인 순간이었다.

*굉장히 위험한 행동이다. 당시 나는 목숨 걸고 여행한 케이스다. '나도 저렇게 해볼까? 하는 생각을 함부로 가지면 안 된다. 대부분 직감 믿다가 골로 간다.

다음 날 아침 11시, 나지르가 호스텔 정문까지 찾아왔다. 택시를 타고 간 나지르의 집은 여러모로 딱딱했다. 먼저 딱딱한 시멘트 바닥이 느껴졌다. 신발 벗고 들어가는 집 중에서 바닥이 장판도, 나무도 아닌 시멘트인 집은 처음이었다. 우즈벡 대학생의 보금자리에서 정갈한 게스트하우스를 기대해서는 안 된다는 걸 말해주듯 했다. 침대를 기대한 건 아무래도 사치였다. 그래도 나름 시멘트 위에 카펫이 여러 장 깔려 있어 중앙아시아에 온 느낌이 팍팍 났다. 오랜만에 군대처럼 모포 깔고 자는 것도 나쁘지 않을 거란 생각이 들었다.

"와, 집 엄청 넓네. 거실, 부엌에 방도 분리되어 있고. 난 원룸에서 자취하거든!"

행여나 실망한 티가 날까 봐 한껏 데시벨을 높여 말했다.

"하하. 노노노, 그리고 소개해줄 친구가 있어."

나지르가 부엌에서 분주하게 무언가 정리하고 있는 남자를 가리키며 말했다.

"얘는 내 친구 잠식이야. 예전에 식당에서 주방장까지 했던 친구야. 우리 요리하는 데 도와 달라고 내가 불렀어."

순박한 얼굴에 방긋방긋 웃고 있는 잠식은 「백설공주와 일곱 난쟁이」에서 푸근한 난쟁이 역할을 연상시켰다.

"와, 너 그럼 현직 요리사야?"

"Not now."

잠식이 멋쩍게 웃으며 말했다. 그는 영어를 문장으로 구성하지는 못했다.

"그거 알아? 잠식은 다음 주에 대입 시험이 있어."

군필이 입대 한 달 남은 미필을 쳐다보듯 가소롭다는 표정으로 나지르가 말했다. 다음 주가 시험인데 처음 보는 외국인에게 요리해주러 왔다니, 황송하고도 불편했다.

"요리는 알아서 할 테니 공부하러 가."

"I'm OK, I'm OK!"

그는 연신 괜찮다며 너털웃음과 함께 손사래를 친다. 이내 그의 선택을 존중해 주기로 했다. 그렇게 우리는 같이 시장에 장을 보러 갔다. 한국에 돌아온 후 잠식이 삼수생이었다는 이야기를 들었다. 정신이 아득하여 감히 결과를 물어보지는 못했다.

김태희로 하나 되는 우리

7월의 타슈켄트는 40도가 넘는다. 그나마 햇빛은 매우 뜨겁지만, 습도가 낮아 그늘에서는 버틸 만하다. 에어컨이 없는 나지르의 집은 말 그대로 버틸 만은 했다. 가스레인지 앞에 선 잠식은 연신 땀을 훔치며 요리를 했지만 말이다. 잠식의 땀방울로 만든 요리는 빵을 찢어서 수프에 찍어 먹는 게 메인이었다. 내가 맛있게 먹는 모습에 우리 외할머니처럼 흡족해하는 잠식을 보니 웃음이 났다.

밥도 먹고 배도 불렀겠다, 처음부터 하고 싶었던 질문을 입 밖으로 꺼냈다.

"너희는 왜 이렇게 나를 반겨줘?"

"우리는 손님 맞이하는 걸 좋아해. 한국도 좋아하고."

나지르가 웃으며 말했다.

"한국을 왜 좋아하는 건데?"

"한국 드라마가 너무 재미있어. 나는 주몽, 당겜, 겨울연가도 봤어."

당겜은 대장금이다. 우즈벡에서 한국 사극이 이렇게 인기가 많은 줄은 몰랐다. 국뽕이 차오르는 순간이다.

"한국에서는 우즈벡을 미녀의 나라라고 해. 우리는 우즈벡에 밭 가는 김태희, 소 모는 한가인이 있다고 하거든."

"오, 김태희! 김태희 「아이리스」도 봤어! 한국 김태희가 더 좋아!"

"나도 아이리스 봤는데!!"

"치얼스!"

우즈벡에서도 김태희로 하나 되는 우리였다. 맥주 대신 오렌지 맛 환타로도 건배하기엔 충분했다.

여기 이슬람 국가였지?

사실 나지르의 집에서 며칠간 같이 지내는 건 많은 결심이 필요했다. 그는 카우치 서핑 호스트가 아니었기 때문에 레퍼런스 따위는 없었고, 무슬림 신자이기도 했기 때문이다. 중국에서 무슬림 룸메이트 아셋을 만나며 색안경이 벗겨진 상태였지만, 아무래도 처음 보는 무슬림 친구의 집에서 잠까지 함께 자는 건 용기가 필요했다. 며칠간 지내보니 나지르가 인신매매 종사자 따위는 아니란 걸 확신했지만, 아무래도 이슬람 본토이기 때문에 선교를 시도하지는 않을까 걱정이 되었다. 다행히 나지르는 함께 지내는 동안 무슬림에 관한 이야기를 먼저 꺼내지 않았다. 오히려 의도치 않게 선반 위 화려한 무늬의 책을 보고 내가 물꼬를 터 버렸다.

"저 책은 뭐야?"

"아, 이건 코란이야. 이 책은 함부로 만져선 안 돼."

다시 보니 책은 보자기 위에 곱게 올려져 있었다. 눈동자가 요동치기 시작했다. 무슨 말이라도 해야 할 것 같았다.

"오, 이게 코란이구나. (…정적…) 그럼 코란을 볼 때는 보자기에 싸서 읽어?"

"코란을 만지기 전에는 반드시 손을 씻어야 해."

나지르는 사뭇 진지하기도 하고 자랑스러워하는 것도 같았다.

"아 그렇구나. 사실 나는 종교도 없고 크게 관심도 없어."

다행히 코란 이야기는 이쯤에서 순조롭게 마무리되었다. 내 생에 처음이자 마지막으로 코란이라는 책의 하드커버를 본 날이었다.

개도국 단골 질문

나지르는 약속대로 타슈켄트 곳곳을 함께 다니며 구경시켜줬다. 나지르는 짧은 영어로도 어떻게든 유적의 역사와 배경에 대해 설명하려고 노력했다. 우리는 살아온 족적에 대해 스스럼없이 나누었다. 그리고 가난을 이야기했다. 우즈벡은 가난한 나라이며, 본인도 가난하다고 한다. 한쪽 벽지가 벗겨져 시멘트가 휑하니 드러난 그의 집이 떠오르는 대목이다. 마치 가난을 극복하기 위해 열심히 공부해서 좋은 대학도 다니고 있지만, 별로 희망이 보이지 않는 듯한 씁쓸한 눈빛이었다. 그의 가난은 연민과 동시에 불편함을 유발했다.

우즈벡을 비롯한 여러 개발도상국에서는 별거 아닌 질문도 불편하게 다가오는 경우가 많았다.

"너 휴대폰 얼마야?"

"대학교 학비는 얼마야?"

"한국 직장인들 한 달 월급은 얼마야?"

나지르와 잠식도 어김없이 내 손에 쥐어진 삼성 갤럭시가 얼마인지 물어봤고(그 당시에도 연식이 오래된 폰이었는데도 불구하고), 나는 꽤나 조심스럽게 대답했다. 개발도상국을 여행할 때는 한국에서는 당연하다고 생각했던 것이 누군가에게는 가장 갖고 싶은 물건이 되기도 한다. 대한민국 평균 학비, 월급 이야기를 듣고 놀라워하더니 이내 부러운 눈빛으로 바라봤다. 삼성전자 초봉 이야기를 꺼내지 않은 것은 참 잘한 일이었다.

또 다른 불편함은 "쏘리"의 남발이었다. 그는 틈만 나면 "쏘리"를 연발했다. 맛있는 요리를 해주면서도 푸짐하지 못해서 쏘리, 좋은 집이 아니라 쏘리, 집에 파리가 많아서 쏘리. 우즈벡 사람들의 생활을 느끼러 온 나에게는 최적의 환경이었지만, 그의 모습에서 조금이라도 좋은 것을 해주고 싶어 하는 외할머니가 보였다.

사실 파리 문제는 쏘리 할 만했다. 대충 봐도 다섯 마리 정도는 기본으로 날아다니는데, 밤이 되니 이게 보통 문제가 아니다. 자려고 누워있는 팔, 다리, 얼굴에 파리들이 슬쩍슬쩍 앉는다. 우즈벡의 파리는 뭔가 공격적이다. 파리들이 끊임없이 내 피부에 착륙했다. 피부에 닿는 감촉도 소름 돋았지만, 한밤중의 '웽웽'은 마치 헬리콥터 소리 같았다. 그건 소리가 아닌 소음이다. 차라리 모기에게 물리는 편이 훨씬 나았다. 파리와의 사투도 불가능했다. 그곳은 파리채조차 없었다. 더운 여름날 에어컨도 없는데 수건으로 종아리와 발, 얼굴을 덮고서야 겨우 잠에 들 수 있었다.

Don't Worry, Be Happy는 무슨

이후 사마르칸트, 부하라를 거쳐 카자흐스탄에 가기 위해 다시 타슈켄트로 왔다. 부하라에도 국제공항이 있는데, 왜 굳이 타슈켄트 공항 비행기를 예약했는지 기억이 안 난다. 아마 직항에 저렴한 가격이 떠서 무지성으로 구매한 것 같다. 돈을 아끼려면 손발이 고생한다지만 덕분에 나지르를 다시 만날 수 있었다. 이런 게 바로 여행의 묘미다. 타슈켄트로 다시 오던 날 저녁, 나지르는 길가에 마중을 나왔다. 하룻밤 자고 다음 날 오전에 카자흐스탄으로 출발하는 여정이었다.

"Welcome! Welcome! Give me your backpack."

나지르는 무거운 가방까지 대신 들어주며 반가워했고, 나는 고마워서 몸 둘 바를 몰랐다. 그는 이번엔 잠식뿐만 아니라 5명이 넘는 친구들을 데려와서 나를 소개시켜 주었다. 다섯 명 모두 남정네들이었지만, 그들은 한국인 남정네를 보고 즐거워했다. 그들과 나는 단어로만 이야기했다.

"I love Korea! Soju Soju! 김태희!"

소주와 김태희를 좋아하는 친구들. 적당히 술 마시는 무슬림들이라니 낭만적인 만남이었다.

우즈벡 남정네들과 기념촬영을 끝으로 헤어지고 나지르는 나를 삼촌 집으로 데려갔다. 중년의 삼촌과 3살쯤 되어 보이는 조카가 좁은 방에 앉아 있었다. 그는 저녁으로 빵조각과 오이, 감자볶음을 내어왔다. 방에 탁자가 없어서 우리는 접시를 맨바닥에 두고 먹었다. 나지르는 약간 미안한 표정을 지었고, 나는 딱히 좋아하지 않는 오이도 좋아하는 척 열심히 먹었다. 그들의 가난이 너무 강하게 와 닿아 요상한 기분을 넘어 눈물이 찔끔 날 뻔했다. 그의 삼촌은 영어를 한마디도 못 하셨기에, 우리의 바디랭귀지 주제는 한 가지뿐이었다.

"Hi, you are so pretty!"

아기를 보고 한껏 웃고 귀여워해 주는 것 외에는 달리 할 말이 없었다. 아기 덕분에 좁은 방에서도 웃음소리가 났다.

다음 날 아침 나지르는 공항으로 가는 택시 정류장까지 배웅해줬다. 그런데 얘가 이상한 말을 한다.

"나는 너가 가고 나면 일용직 노동자 일을 해야 해."

영어로 완벽한 소통이 되지 않아 무슨 말을 하려 했는지는 지금도 헷갈린다. 대략 학교를 다니면서도 일용직 일을 해왔었는데, 나를 만나는 동안은 못 했다는 말인 듯했다.

"그래서 말인데, 너 달러 좀 있어?"

순간 기분이 확 더러워졌다. 결국엔 돈인 건가. 여기서는 우정의 대가가 돈으로 귀결되는 것인가 하는 생각이 들어 표정 관리가 안 됐다.

"달러는 있는데 왜?"

"나한테 달러 좀 주면 안 되니?"

그는 정말 불쌍한 표정으로 말했다.

"아니 내가 왜 너한테 돈을 줘. 그리고 나도 돈 없이 다니는 배낭여행자인데."

나지르의 집으로 간다고 환불도 안되는 게스트하우스를 과감하게 버리고 왔고, 재워주는 대신 항상 그에게 밥을 사주거나 음식 재료를 샀다. 마지막엔 한국에서 가져온 선물도 줬던 터라 심히 기분이 나빴다.

"쏘리, 쏘리."

그는 애처럼 칭얼대며 돈을 달라고 하지는 않았지만, 굉장히 빈곤해 보이는 표정을 하며 연신 미안하다고 했다. 오만 가지 생각을 하다가 다음과 같은 결론을 내렸다. 그래, 얼마나 형편이 어려웠으면 자존심 구겨가며 이렇게 부탁을 할까. 어제저녁의 오이 반찬을 생각하자. 이번에는 힘든 친구 도와주는 셈 쳐야겠다 싶었다. 그에게 무려 30달러 이상 줬던 것 같다. 백 달러짜리 지폐를 제외한 잔돈을 긁어모은 것이었다. 배낭여행자에게는 정말 큰돈이었다. 그는 연신 고맙다고 했지만, 택시를 타는 순간까지 찝찝했다.

"Don't Worry. Be Happy."

택시 문을 닫아주며 마지막으로 그가 한 말이다.

"Ok, Thank you. Take care."

최대한 평정심을 가지며 내가 대답했다.

'니 때문에 유종의 미를 못 거두게 생겼구만'이 목구멍에 맴돌았지만, 어른답게 마지막 인사를 장식했다. 마인드 컨트롤을 위해 혼잣말로 중얼거렸다.

"오이 반찬을 생각하자."

이후 한국에서 근무 중인 40대 우즈베키스탄 여성 직장인과 대화할 기회가 있었다. 그분에게 우즈벡 여행 스토리를 들려주며 처음 보는 사람 집에 초대되어 잠도 자고 왔다고 하니까 그리 놀라지 않으며 말했다.

"우즈벡 사람들은 외부인을 좋아해요. 손님을 챙겨주고 환대해 주는 건 자연스러운 문화예요. 그래서 가끔은 집에 초대하기도 해요."

특히 외국인은 만나기 힘드니까 더 선호한다고 한다. 다만 수도인 타

슈켄트에서 초대받은 일은 운이 좋았다고 말했다. 보통 지방에 있는 사람들이 좀 더 호의적인가 보다. 혹시 초대한 사람에게 돈을 줘야 하냐고 물어보니, 놀라면서 전혀 그렇지 않다고 한다. 역시 내가 특별한 경험을 한 것이었다. 당시 나지르에게 배신감과 서운함 등 온갖 복합적인 감정이 들었지만, 몇 년이 지난 지금도 종종 연락하며 지낸다.

사마르칸트

우즈벡 제2의 도시인 동시에 중앙아시아에서 가장 오래된 도시이기도 하다. 그곳에서 대략 4천 년 전부터 인류가 활동했다니 말 다 했다. 도시 전체가 역사적인 장소인 셈이다. 특이점으로는 주민 대다수가 타지키스탄 사람이다. 사마르칸트 주민의 약 70%가 타지크어를 모국어로 사용한다(어차피 우리는 구별 못 하지만).

가방끈 긴 사람만 꼬인다

"너 중국인처럼 생겼다."

그가 피곤해 보이는 표정으로 내게 말했다.

첫 만남에 통성명을 하고 바로 얼굴 평가를 당한 적은 처음이었다. 그의 이름은 '이지'다. 발음하기는 참 이지하다는 생각이 들었다.

경험상 대다수의 20대 중국인들에게 "너 한국인처럼 생겼어"라고 하면 내심 기분 좋아하는 게 눈에 보였다. 그런데 반대로 한국인에게 중국인이라고 하면 좀 씁쓸하다. 나도 그렇다.

사마르칸트에서도 카우치 서핑 호스트는 찾지 못했지만, 밋업(meet up)은 할 수 있었다. 카우치 서핑에서는 자기 집에 초대할 수도 있고, 같이 만나서 이야기하고 놀기만 할 수도 있다. 밋업은 후자다. 이지는 밋업을 제안한 사마르칸트 주민으로, 야수 같은 수염에 짙은 갈색 사백안을 가진 30대 초반으로 보이는 친구였다. 이제 와서 고백하건대, 사백안이라는 이유로 아주 살짝 경계심이 들었다. 사백안은 눈동자가 작아서 사방으로 흰자위가 보이는 눈이다. 허영만 작가의 관상학을 다룬 책 『꼴』에서는 사백안을 흉악하고 음탕하다고 평가한다. 물론 과학적인 근거는 전혀 없다. 나는 그 책을 정말 재미있게 읽은 문과생이었다. 어쨌든 카우치 서핑 호스트는 여행객을 만나기 위해 기꺼이 시간을 내줄 만큼 호의적인 사람이라는 뜻인데, 바로 얼굴 디스라니. 화가 나기보다는 색달랐다. 거기다 그는 매우 피곤한 기색이 역력했다.

"어제 몇 시간 못 자서 엄청 피곤해. 내가 싸고 맛있는 식당을 소개해 줄 테니 따라와."

그와 함께 간 식당의 음식은 식당은 맛있고 저렴했다. 1인당 12,500 숨. 한화 2천 원 정도인데 맛있는 소고기와 감자튀김을 먹을 수 있었다. 밥 먹으며 툭툭 질문을 던지는 그는 영어 발음도 좋고 유창했다. 어디서 대충 배운 느낌은 아니다. 그래서 물었다.

"너 영어 좀 하네?"

"나 석사 졸업했어. 영국 맨체스터대학에서. 그리고 지금은 온라인으로 박사과정 중이지."

이지는 프리랜서 마케터다. 만나는 사람마다 가방끈이 길다. 학력이 높다고 믿을 만한 사람은 아니지만, 적어도 그들과의 대화 주제는 풍부하다. 견문이 넓고 배울 점이 많은 이들과의 대화는 즐겁기 마련이다. 자유로운 삶을 살고 싶어서 프리랜서로 산다는 그의 말을 들으며, 사백안이고 뭐고 다 필요 없고 사마르칸트 여행이 재미있어질 것을 직감했다.

"나 오후에는 일해야 하니까 저녁에 다시 만나자."

이지가 식당을 나오며 쿨하게 말했다. 이런 약속은 내게도 편하다. 오후 내내 사마르칸트의 유적지를 혼자 자유롭게 만끽하고 저녁에 현지인과 노는 것이 최고의 그림이다. 가끔 하루 종일 같이 있으려 하는 카우치 서핑 호스트가 있는데, 상황에 따라 약간 귀찮을 수도 있다.

우즈벡 맹수의 헌팅이란

"Look at this girl."

길거리에서 조금만 예쁜 여자를 마주치면 이 친구가 외치는 말이다. 마음에 든다. 이 정도는 되어야 혈기 왕성한 청년이지. 차갑고 피곤해 보이던 첫인상 때문에 그냥 밥이나 먹고 헤어질 줄 알았다. 그의 웃는 모습과 활발한 제스처, 풍부한 얼굴 표정을 보기 전까지는. 그날 저녁 이지는 사마르칸트의 야경을 보여준다고 나를 숙소까지 친히 데리러 왔다. 하지만 뜻밖에 야경은 꺼졌고, 더 재밌는 일이 생겼다.

"자, 이제 공원으로 가자. 공원에는 산책하는 예쁜 여자들이 많거든."

내가 사준 젤라또 아이스크림을 먹으며 그가 말했다.

"예쁜 여자 보러 공원을 간다고?"

"그래. 가서 말 걸면서 노는 거지."

세상에 공원이라니. 우즈벡식 헌팅인가 보다. 군말 없이 그를 따랐다. 공원을 한 바퀴 돌았는데, 정말 사람이 많긴 했다. 가족들끼리 소풍 나온 사람들이 말이다. 부산시민공원이 떠올랐다.

"에이 쉣. 아마 너무 늦은 시간이라 없나 보다."

시계는 겨우 저녁 10시를 가리키고 있었다.

"벤치에 앉아서 이야기나 하자. 내가 어디 앉을지는 알지?"

그의 손가락은 금발의 여자 두 명이 다리를 꼰 채 담배를 피우고 있는 곳을 가리켰다. 한눈에 봐도 여행자인 그녀들 앞에는 로드 자전거와 큼직한 배낭이 있었다. 우리는 그녀들에게서 3보 정도 떨어진 벤치에 앉았다. 말 걸면 쉽게 들릴 거리랄까, 참 적절한 위치 선정이다.

"자, 이제 내가 어떻게 이야기를 하는지 보여줄게."

그의 말이 떨어지자마자 두 귀를 쫑긋 세우고 경청의 준비를 시작했다. 그래. 어디 우즈벡식 헌팅 방법을 구경이나 해보자.

그는 침착하게 그녀들의 대화에 빈틈이 생기기를 기다렸다. 몇 분이 채 안 되어 그녀들의 이야기 한 토막이 끝났고 타이밍이 왔다. 역시 이때를 놓치지 않는 우즈벡 맹수 이지는 옆에 앉은 그들을 향해 말했다.

"너 자전거 멋진데!"

생각보다 별거 없는 것 같지만, 대화의 물꼬를 트기에 참 자연스러운 말이다. 고리타분한 '안녕, 너 어디서 왔니?'보다 훨씬 세련되고 신선하다.

"고마워. 너도 여행 중이니?"

분홍색 체크 셔츠를 입은 금발의 여자가 싱긋 웃으면서 대답했다. 마치 기다리고 있었다는 듯이.

"아니. 나는 로컬이고, 이 친구는 한국인이야. 우린 카우치 서핑으로 만났어."

이지는 영국물을 먹어서인지 중앙아시아 사람이라기보다는 백인의 느낌이 강하다. 비교적 하얀 피부에 영어 발음이 좋은 것도 한술 거들었다. 자전거로 중앙아시아를 여행하는 중인 그녀들은 영국과 아르헨티나에서 온 여행자들이었다.

영국 출신 여자와 영국에서 석사를 졸업한 이지는 서로가 끌리는지 쓸데없는 이야깃거리까지 끌어모으며 말꼬리를 잡으려 애썼다. 이지의 솜씨를 감상 중인 나는 틈틈이 추임새를 넣고 질문에 대답하며 이지가 무안하지 않을 정도로만 거들었다. 이 와중에 이지는 영국의 학비와 한국의 학비를 비교하다가 괜스레 한국 군대 이야기까지 끌어낸다. 정말 나를 적절히 이용하는 똑똑한 친구다. 20여 분이 지났을까, 비로소 그들의 대화가 멈췄다. 그녀들은 다음날 부하라로 떠나는 일정이었고, 우리는 만나서 반가웠다는 악수를 나누고는 쿨하게 헤어졌다.

"너, 저 영국 여자가 마음에 들어?"

"그럼, 난 저런 오픈 마인드가 좋아. 얼굴도 예쁘고."

"근데 왜 번호 안 물어봤어?"

"내일 떠난다고 하잖아. 어차피 바빠서 만날 시간도 없어. 그냥 그 순간을 즐기는 거지. 그리고 나는 저런 오픈 마인드인 여자랑 대화하는 게 좋아."

맞는 말이다. 그 순간이라도 좋으면 됐지. 마음에 드는 여자라고 해서 무조건 만나야 하는 것도 아니니까.

카우치 서핑의 장점 중 하나는 책에서는 쉽사리 찾기 힘든 이야기를 들을 수 있다는 점이다.

보통 우즈벡 하면 외국인을 환대하는 사람들, 예쁜 비취색 건축물, 싸고 맛있는 음식들이 널린 곳 등이 떠오른다. 짧은 여행 기간으로 로컬 사람들의 생활을 파악하기는 어렵기 마련이다. 그런 갈증을 이지와의 대화로 해결할 수 있었다.

"내가 왜 영국까지 가서 공부를 했는지 아니? 우즈벡 학교는 부패가 심하거든. 여기서는 선생님한테 돈을 주면 좋은 성적을 받을 수 있어. 반대로 돈을 주지 않으면 좋은 성적을 받기 어렵다는 말이지."

그런 환경이 너무 싫어서 그는 장학금을 받고 영국으로 대학원을 갔다.

"그리고 보다시피 여기는 신호등이 없는 곳도 많아. 몇몇 운전기사들은 거의 미친 사람처럼 운전을 하기도 해."

이 부분은 잘 모르겠다. 내가 외국인이라 그런지 몰라도 횡단보도를 건널 때 엄지까지 치켜세워주며 속도를 줄여 주었기 때문이다.

"또 여기는 밤 10시쯤 되면 대부분의 상점이 문을 닫아. 24시 편의점은 당연히 없어. 그리고 상당수의 클럽도 11시면 문을 닫아. 아주 바른 생활의 표본이지."

쓸쓸한 표정을 지으며 그가 말했다.

Money is Nothing, Memory is Everything

다음날 점심 무렵, 우리는 또 만났다.

이지는 어제와는 다르게 피곤해 보이는 기색이 전혀 없어 보였다.

"오늘 저녁에는 클럽에 가자. 내 친구들도 모일 거야."

거절할 이유는 없다. 우즈베키스탄 클럽은 보통 11시나 12시면 영업을 종료한다. 선비의 나라는 대한민국이 아니라 우즈베키스탄이 아닐까. 우리는 저녁 8시 반에 클럽 정문에서 만났다. 8시 반에 클럽이라니 이것도 참 색다른 경험이다. 기대하고 간 클럽은 한국인이 생각하는 클럽의 형태와는 많이 달랐다. 고급스러운 레스토랑과 춤추는 스테이지가 결합된 형태이다. 앞에서는 가끔씩 가수들이 노래도 부르고 드럼도 친다. 밥 먹고 술 마시다가 춤추고 싶으면 스테이지로 나갈 수도 있다. 클럽이 지하가 아닌 야외이기 때문에, 한국인 입장에서는 다소 밝다는 단점이 있다.

이지 친구들은 외국인 손님인 나를 받아들이는 데 전혀 거부감이 없었다. 대부분이 나랑 비슷한 짧은 영어만을 구사했지만, 그들은 어떻게든 나를 즐겁게 해주려고 노력했다. 덕분에 즐겁다는 표현을 하기 위해 함박웃음을 짓고, 과장된 제스처를 하는 등 나름의 예의를 갖췄다. 평소약한 리액션이 문제였던 내게 연습의 기회가 주어진 셈이다.

"너 결혼했어?"

우즈벡에서 여자는 보통 20대 초반, 남자는 중반이면 결혼 적령기이다. 그래서인지 내가 만 24세라고 밝힐 때마다 "결혼은 했냐?"라는 질문을 곧잘 받는다.

"이 친구는 두 달 뒤에 결혼해. 빅 파티를 열 거야. 친구들 600명이 오거든. 너도 그때 다시 사마르칸트로 와. 초대해 줄게."

그 친구가 마당발인 건지 우즈벡은 그냥 나처럼 아는 사람 다 부르는건지 규모가 어마어마했다.

"미안한데 나 그때 러시아에 있을 건데!"

계획대로 움직이는 나였다.

츤데레 이지는 처음부터 끝까지 나를 챙겨줬다. 밤 12시가 넘은 시간에 나를 숙소까지 배웅해주며 말했다.

"내일 부하라 가지 말고 사마르칸트에 계속 있어. 여기서 타슈켄트로 돌아가는 게 훨씬 편해. 내일 내 친구들이랑 같이 수영장도 가고 술도 마시자."

그는 우리가 보낸 이틀간의 시간이 못내 아쉬웠나 보다. 나도 아쉽다.

하지만 떠날 때는 떠나야 한다는 것을 나는 너무도 잘 알고 있다. 당장 여기가 좋아도 다음 여행지에 대한 미련이 남아있다면, 가는 게 답이다. 괜히 더 오래 남아서 찝찝한 느낌을 가지는 건 멍청한 일이다. 최고의 순간에 떠날 줄도 알아야 한다.

"네 인생 최고의 순간은 언제였어?"

이지가 대뜸 물었다.

"엥, 갑자기? 여러 가지가 있는데 최고는 잘 모르겠는데."

"딱 한순간만 골라."

갑자기 찾아온 대기업 압박면접 급의 질문이다. 진부한 질문임에도 불구하고 역시 하나만 고르는 건 정말 힘들다. 사실 떠오르는 최고의 순간이 별로 많지도 않다. 그게 문제다.

"음 잘 모르겠는데 아마 지금 여행하는 거? 왜냐면 이번 여행은 내가 10년 전쯤부터 고대했던 순간이거든."

그냥 둘러댄 말인데 운을 떼 보니 맞는 말이다. 그렇다, 이 여행은 내가 절실히 바라던 일이었지. 특히 나는 현실에 찌들어서 방학 기간조차 내기가 두려웠던 사람이었다. 장기여행을 그렇게 원했으면서 응급실에 다녀와서야 시작된 여행이다. 여행한 지 한 달이 넘은 시점, 이 생활이 너무 익숙해져 잊고 지냈다.

"너는 언젠데?"

이번엔 내가 되물었다.

"나는 유럽 여행 갔을 때야. 그때 5천 달러 이상 썼지. 특히 스위스는 정말 좋았어. 그런데 나는 그 돈들이 하나도 아깝지 않아. Money is nothing, Memory is everything."

명언이다. 이번 여행을 하면서 지금까지 들은 말 중 가장 내 마음을 울렸다.

"다음에 네가 죽을 때가 되면 돈은 전혀 중요하지 않아. 우리가 가져 가는 것은 아름다운 추억이지. 네가 지금 여행을 하는 것도, 내가 너를 만나 즐거운 시간을 보내는 것도 마찬가지야."

이 이야기는 라오스 빡세에서 장기 여행자 한국인 아저씨가 해주신 말과 정말 비슷하다. 여행에 일가견이 있는, 아니 삶에 대해 골똘히 생각 해 본 사람들은 비슷한 생각을 가지고 있는 것 같다. 배운 사람이라 그런 가, 그는 역시 멋진 놈이었다.

"와, 너 좀 멋지네! 그래. 이 말은 내가 꼭 기억해야겠다."

행여라도 우리의 대화를 까먹을까 봐 서둘러 스마트폰에 메모를 했 다.

어느덧 숙소까지 도착했다. 영어를 못하는 이지의 친구는 그저 우리 의 대화를 듣고만 있다가 밝게 웃으며 잘 가라고 손을 흔든다.

"잘 가. 고마워 다음에 또 만나자."

"그래 우린 또 만날 기회가 있을 거야. 아, 그리고 안전이 제일 중요 한 거 알지?"

"물론이지. 잘 가, 친구!"

한 사람이 도시의 이미지를 결정지을 수 있다. 이지 덕분에 사마르칸 트에 대한 좋은 기억을 얻고 간다. 사마르칸트는 건축물들도 정말 예쁘 지만 나는 사람에 반했다. '아이 러브 사마르칸트' 티셔츠라도 하나 살 걸 하는 생각이 들었다.

부하라

중앙아시아 최대의 이슬람 성지로 2,500년의 역사를 간직하고 있다. 도시 전체가 세계문화유산으로 등록되어 있다. 우즈베키스탄 판 경주인 셈이다. 그래서인지 우즈벡에 일주일 이상 머무르는 여행자는 대부분 부하라로 향한다.

남녀 혼숙 방에서 생긴 일

다음날 부하라행 기차를 탔다. 지하철이 그랬듯, 기차 역시 영문 스크린 안내판이라고는 없었다. 즉 어디서 내려야 할지 종잡을 수 없다. 기차에는 정말이지 외국인이라고는 나 혼자였다. 우즈벡에서는 대놓고 나를 쳐다보는 사람들도 뭔가 정이 간다. 그들은 보통 내게 먼저 말을 건넨다.

"Hey hello, where are you from?"

"I'm from South Korea!"

"Oh Korea, Korea. welcome to Uzbekistan. Where are you going?"

"I'm going to Bukhara. If we get the Bukhara station, please let me know."

"Ok, OK."

"Thank you!"

처음 보는 그들을 믿고 정말 꿀잠을 자버렸다. 안내판이 없어 어디서 내려야 할지도 모르는 기차 안에서 낯선 이를 믿고 쓰러져 자는 것은 흔한 일이 아니다. 그만큼 우즈벡 사람들은 이미 내 마음속에 들어와 있었다.

"깨워줘서 고마워."

누가 훔쳐 갈까 봐 와이어와 자물쇠로 꽁꽁 묶었던 배낭을 풀며 머쓱하게 말했다. 머리로는 그들이 해를 끼치지 않을 사람들임을 알지만, 손은 여전히 냉정한 배낭 여행객이었다.

부하라에서도 카우치 서핑 호스트를 찾지 못했다. 이참에 처음으로 게스트하우스에서 가장 저렴한 남녀 혼숙 방을 예약했다. 지금까지는 선비의 나라 출신답게 혼숙이라는 개념은 상상도 못했다. 남녀칠세부동석이 이렇게 무섭다. 하지만 혼숙 유경험자 친구의 말을 듣고는 곧바로 예약했다.

"어차피 대부분이 남자니까 그냥 더 저렴한 방이라고 보면 된다."

친구의 말대로 혼숙은 저렴하고 코골이도 상대적으로 덜하다는 점에서 가성비 갑이다.

서사가 길었던 남녀 혼숙 방에서 짐을 풀고 있는데, 반대편 이층침대에서 나를 유심히 쳐다보는 눈길이 느껴졌다. 흘깃 보니 그녀는 백 프로 한국인이었다. 여행지에서 한국인을 만난 사람은 특유의 시선 교환이 무슨 느낌인지 알 것이다. 뭔가 딱 봐도 한국인인 것 같으니 눈빛으로 물어보는 거다. 당신 한국인이냐고. 마침내 둘 중 한 명이 "한국인이세요?"라는 진부한 대화의 물꼬를 트면 대체로 두 가지 결말에 이른다.

첫째, 같은 한국인끼리 급속도로 친해져서 최소 반나절이라도 같이 여행한다.

둘째, 주변 외국인과 밝고 높은 톤으로 대화하다가, 갑자기 멋쩍은 미소와 함께 톤 다운된 한국어로 어색하게 인사한다. 이후에도 외국인과 영어로 말할 때는 밝고 쿨한 사람이 되었다가, 한국어로 대답할 때는 어색함을 많이 타는 이중인격자가 된다.

나는 굳이 이야기하자면 두 번째이다. '해외에 나가서는 한국인과 최대한 멀리 떨어져 살자' 주의이기 때문이다. 일평생 한국인끼리 지독하게 얽혔는데, 외국에서까지 한국인과 다닐 필요성을 느끼지 못했다. 더구나 우리는 한민족 출신답게 그룹화시키는 걸 좋아해서 종국에는 한국인끼리만 기똥차게 몰려다니게 된다.

그녀가 말 걸기 전에 서둘러 중국인인 척을 해야 했다. 바로 옆침대에서 짐을 풀고 있는 중국인 남자에게 급하게 인사하며 말을 붙였다. 덕분에 그가 저장성 출신이며 컴퓨터공학을 전공했다는 사실까지 알게 됐다. 이쯤 되면 나를 중국인으로 볼 게 확실했다. 그때였다.

"저기… 한국인이시죠?"

"아… 네. 안녕하세요. 근데 저 한국인인 거 어떻게 알았어요?"

나는 실망감을 감추지 못했다.

"국토대장정 가방 보고요. 저도 국토대장정 다녀왔었거든요!"

"와 진짜요? 저는 부산출발 루트로 갔었는데. 완주했어요?"

"겨우겨우 완주했죠. 대박 신기하다!"

한국인은 학연, 지연, 혈연으로 이루어진다. 나도 어쩔 수 없는 뼛속까지 한국인이다. 같은 단체에서 활동을 했다는 것만으로도 크나큰 소속감을 느낀다. 더구나 이 누나는 부산 출신으로 지연까지 형성됐다. 누나는 60개국을 여행한 베테랑이었다. 어차피 카우치 서핑 호스트도 없는데, 부하라는 누나와 같이 다니기로 했다. 여행 베테랑과의 대화는 항상 즐겁다. 그들은 나와 비슷한 여행에 대한 간절함이 있기 때문이다.

"사람들은 내가 60개국이나 여행했다고 하면 다들 부자인 줄 알아. 부자는 무슨…. 명품백 안 사고 여행경비 모으는 거지."

"맞아요. 한국에서 술값, 밥값만 조금 아껴도 개발도상국에서는 며칠을 생활할 수 있잖아요."

"당연하지! 여행 준비할 때는 학교에서도 도시락 싸 들고 다니면서 여행경비 킵하는 거지."

누나가 60개국이나 여행할 수 있었던 이유이다. 사실 여행은 경비도 문제지만, 바쁜 한국인에겐 시간 내는 게 더 어렵다. 누나는 시간 날 때마다 여행을 갔고, 여행 가기 위해 시간을 만들었다고 한다. 역시 시간 없다고 징징대는 사람에게는 절대로 여유가 찾아오지 않는다. 시간은 스스로 정성을 다해 만들어야 한다.

우리는 고대 부하라의 요새였다는 아르크성을 보고 나오는 길에 새로운 한국인과 조우했다. 멀리서 봐도 그는 한국인이었다. 한국인들은 실루엣부터가 다르다.

"어, 준서 씨 아니에요?"

놀랍게도 한국인에게 내가 먼저 말을 걸었다.

"와, 여기서 또 보네요."

그 한국인은 준서 씨다. 부하라에서 만난 준서 씨는 타슈켄트 게스트하우스에서 나지르를 만나기 위해 떠나기 전 이틀 동안 같은 방을 썼던 친구다. 그는 무려 8개월간 여행한 경험이 있는 베테랑이었다. 아무리 여행 코스가 거기서 거기라고 해도 한반도 면적의 2배에 달하는 우즈베키스탄에서 다시 만났다는 사실은 마냥 신기했다. 세상은 좁다. 배낭여행자에겐 더욱. '씨'라는 존칭을 붙이는 것은 내가 여행지에서 얼마나 한국인을 경계했느냐를 단박에 보여주는 대목이라고 할 수 있다. 준서 씨와 나는 공통점도 많은데다 동갑이었지만, 말을 놓지 않았다. 그래서 우리는 다시 만났음에도 여전히 존댓말을 했다. 심지어 나는 그와 처음 만나 말을 텄던 날, 어느 정도 유대감이 형성되고 있을 즈음 분위기 싸해질 만한 커밍아웃을 했다.

"사실 저는 여행지에서 한국인이랑 친해지는 걸 피하고 있었어요. 한국인이랑 같이 있으면 다방면에서 제약받는 듯한 느낌이 들더라고요. 거기다 '우리는 같은 한국인이니 어디든 같이 다녀야 한다'라는 생각을 가진 사람이라면 피곤하고요."

"오, 맞아요. 그래서 저도 보통 혼자 여행을 했어요. 가끔 친구들이랑 갈 때도 있지만, 혼자 다닐 때는 외국인들이랑 놀아야죠, 당연히!"

그는 진심으로 동의했다. 그렇게 게스트하우스에 이틀간 머무르는 동안 우리는 각자 알아서 여행을 하고, 저녁에 이야기를 나눴다. 침대에 고단한 몸을 축 늘어뜨린 채 이런저런 경험담을 공유했다. 하루 종일 서툰 영어, 몇 마디 외운 우즈벡어를 쓰다가 모국어로 이야기를 하는 것도 나름의 쉼터가 되었다.

우리 셋은 몇 군데를 같이 다녔지만, 숙소가 달라 금방 헤어졌다. 부하라에서 예기치 못한 한국인들과의 만남은 즐겁고 신기했다. 경험 많은 여행자들 덕분에 많은 것을 배운 채로 부하라를 떠났다. 공항으로 가는 택시에 타기 전 누나가 말했다.

"여행지만 생각해. **여**권, **핸**드폰, **지**갑만 잘 챙기면 돼."

덕분에 여행을 마칠 때까지 여행지를 고수할 수 있었다.

당신이 우즈베키스탄 여행을 가야 할 치명적 이유 5가지

불의 나라
아제르바이잔

04

코카서스 3국

조지아, 아르메니아, 아제르바이잔을 뜻한다. 유럽과 아시아의 경계인 코카서스산맥에 위치하여 지리상으로는 아시아이지만 문화, 종교, 역사 방면에서 동유럽에 더 가깝다. 실제로 유럽축구연맹에 편성되어 있으며, 유러피안 게임에 참가한다.

아제르바이잔

'불의 나라'로 불린다. 석유와 천연가스가 풍부한 나라라는 뜻이다. 인구의 96%가 무슬림이지만 히잡을 쓰지 않을 정도로 개방적이다(그들은 종종 술을 마실 정도로 융통성이 있다). 중위연령은 약 32세로, 유럽에서 가장 젊은 국가 중 하나다.

아제르바이잔은 대체 왜 가는 거야?

기대치가 낮으면 의외의 수확을 얻는 경우가 많다. 아제르바이잔 여행이 그랬다. 코카서스 3국을 가야겠다는 결심을 했을 때, 아제르바이잔은 안중에도 없었다. 그저 와인으로 유명한 조지아로 가는 길목이었다. 더구나 언어교환 어플로 알게 된 아르메니아 친구 안나의 말을 들어보면 아르메니아와 아제르바이잔의 관계는 완벽한 원수였다.

어느 정도냐면, 내가 코카서스 3국을 모두 여행할 거라는 말에 안나는 곧바로 날을 곤두세웠다.

"아제르바이잔은 대체 왜 가는 거야? 그들은 우리 적이야."

"나는 여행자로서 세 국가를 다 경험하고 싶을 뿐이야. 내가 아제르바이잔을 지지할 이유도 없고, 아제르바이잔- 조지아-아르메니아 이 순서로 가야 걸어서 국경을 넘을 수 있어."

이 사연 많은 나라들은 유럽처럼 국경을 도보나 자동차로 이동할 수 있다. 때문에 코카서스산맥에 위치한 이들을 '코카서스 3국'이라고 묶어 부르며 패키지여행도 활발하게 진행되고 있다. 소련 연방이었지만 종교와 민족, 역사가 완전히 다른 그곳을 가지 않을 이유가 없다. 더구나 양측이 그렇게 골이 깊다면 한쪽의 이야기만 듣는 것도 편협하지 않나. 지리상으로 우즈벡에서는 아제르바이잔의 수도 바쿠가 가장 가깝기도 했다. 즉 비행기 표가 싸다. 그럼 말 다 했다.

이 대목에서 짧고 간결하게 아제르바이잔과 아르메니아가 왜 죽고 못 사는 관계인지 알아볼 필요가 있다.

1917년 2월 혁명으로 제정 러시아가 붕괴됐다. 이후 1918년 4월 자캅카스 민주연방 공화국이 수립되었지만, 고작 한 달 뒤 자캅카스 민주연방공화국은 해체된다. 문화적인 부분과 오스만 제국에 대한 인식까지 극명하게 나뉘었기 때문이다. 그렇게 조지아, 아제르바이잔, 아르메니아로 나누어졌다. 대부분 국가 간 갈등은 영토 또는 종교 때문에 시작되는데, 아제르바이잔과 아르메니아는 안타깝게도 둘 다 해당되는 경우였다.

먼저 종교가 극명하게 대립되었다. 아제르바이잔은 이슬람계 국가이고, 아르메니아는 세계 최초로 기독교를 국교로 받아들인 나라다(그 유명한 노아의 방주 아라라트산도 있다). 거기다 아르메니아는 이웃 이슬람계 국가인 튀르키예에게 최대 150만 명의 국민이 학살당하기도 하였다.

다음으로는 영토다. 두 나라는 각자 '나고르노카르바흐' 지역의 영유권을 두고 싸움을 벌였다. 그 지역은 아제르바이잔의 영토였지만, 주민 대부분은 아르메니아 사람이었기 때문에 민족 분쟁이 일어날 수밖에 없었다. 그렇게 그들은 1918년부터 지금까지 100년이 넘도록 사이가 좋지 않다.

팔은 안으로 굽는다고 친구의 원수인 아제르바이잔에 대해 크게 기대감을 갖기 힘들었다. 그들은 남한과 북한 이상으로 서로를 혐오했다. 우리는 그나마 한민족이라는 타이틀이라도 있지만, 그들은 그런 것도 없다. 우리나라처럼 통일을 바라는 이도 없고, 이산가족도 없다. 완벽한 적일 뿐이다.

만 20세 몽상가들 집에 초대되다

상황이 이렇다 보니 아제르바이잔 수도인 바쿠를 제외하고는 딱히 정보도 찾아보지 않았다. 그런데 카우치 서핑이 이 모든 인상을 뒤집어 버렸다. 카우치 서핑에서는 현지인이 먼저 호스트나 밋업 제안을 하는 경우는 그리 많지 않다. 하지만 아제르바이잔은 달랐다. 바쿠에 온다면 투어를 해 주겠다는 사람, 기꺼이 호스트가 되어 주겠다는 사람, 사정이 안 되어 재워주지는 못하지만 만나고 싶다는 사람 등이 열다섯 명은 족히 넘었다. 소련 연방의 국가들은 외부인에게 차갑다는 글이 종종 있다. 하지만 이들은 다를 거라는 확신이 생겼다. 덕분에 아제르바이잔에서는 마음에 드는 호스트를 내가 고르는 여유까지 부릴 수 있었다.

고르고 골라 유쾌해 보이는 만 20세 '파룩스'라는 친구를 호스트로 선택했다. 그는 공항에서부터 집에 오는 방법을 세세하게 가르쳐 주었고, 우리는 어렵지 않게 만날 수 있었다. 아제르바이잔 남자들은 대부분 수염을 기른다. 우리나라 남자들의 수염과는 밀도부터 다른 빽빽하고 풍성한 수염을. 그들의 수염은 보통 얼굴의 반을 뒤덮는다. 그래서인지 파룩스도 최소 5년은 더 나이 들어 보였다. 떡 벌어진 어깨에 굵은 팔뚝, 여기저기 새겨져 있는 문신들까지 건강미가 넘치는 친구다. 바쿠국립대학교에서 경제학을 전공한다는 이 친구는 영어도 굉장히 능숙하다. 여행하는 곳마다 그 나라 최고 대학을 다니는 친구를 만난다.

"너희 집이라고 생각하고 편하게 지내!"

파룩스가 호쾌하게 말했다.

파룩스의 집은 영화 세트장 같았다. 영화 「몽상가들」에 나오는 주인공 테오의 집과 유사하다. 동서남북으로 제각기 흐트러진 물건, 한 걸음 뗄 때마다 밟히는 부스러기들, 특히 식탁의 상태는 정말 영화의 한 장면을 그대로 가져다 두었다. 먹다 남은 빵 조각, 스테인리스 냄비 모양에 따라 시커멓게 탄 자국, 다 먹고 숟가락만 덩그러니 놓여있는 초코아이스크림 용기, 이리저리 흩어져 있는 일회용 비닐봉지들 사이에 덩그러니 놓여있는 재떨이는 화룡점정이다. 날 것 그대로인 집에는 5명의 남정네가 살고 있었다. 파룩스와 같은 대학을 다니는 케메라를 제외하고는 일하는 친구들이었고, 영어는 한마디도 알아듣지 못했다.

마음을 편안히 먹고 이 환경에 적응하기로 마음먹었다. 바닥에 깔린 모포 위 손톱과 빵 부스러기는 툭툭 털어버리면 그만이다. 그래도 게스트 입장에서 방을 치워줘야겠다는 기특한 생각이 들어 방 모퉁이에 덩그러니 놓여있는 청소기를 집어 들었다. 어쩌면 최근 한두 달 사이 청소기 콘센트를 플러그에 꽂은 사람은 내가 최초일 수도 있겠다 싶었다. 다행히 청소기는 작동하는데 흡입기가 없다. 그러니까 호스만 있다는 뜻이다.

"네가 청소할 필요는 없어."

청소기를 들고 있는 나를 바라보며 파룩스가 말했다. 왜 시키지도 않은 헛짓거리를 하냐고 눈으로 말했고, 나는 이등병이 선임 눈빛을 캐치하듯 빠르게 알아먹었다. 큼직큼직한 쓰레기들만 치우고 이내 청소기를 제자리에 두었다.

이 친구들은 아마 자연주의 사상을 가지고 있는지도 모른다. 대충 보아도 네다섯 마리의 파리가 윙윙거리며 비행하고 있는 이 집은 정말 자연 친화적이다. 전생에 노자의 삐뚤어진 제자였을지도 모른다. 벌레를 죽이는 어떠한 도구도 없다. 살생유택까지 행하는 그들은 알라신의 가

호와 부처님의 가호를 동시에 받을 것이다. 이러한 그들의 선행 덕분인지 이곳에서 지내는 3일 동안 바퀴벌레는커녕 어떠한 벌레도 보지 못했다. 물론 파리는 기본값이라 제외다. 시원한 에어컨과 빠른 와이파이, 이거면 충분했다. 게스트 주제에 여건을 따질 수는 없다. 그저 천장과 벽이 존재하는 실내라면 감사해야 한다. 파룩스의 집도 마찬가지다. 그의 개성 있는 보금자리가 인상 깊어서 줄줄이 썼을 뿐 불만은 없다.

"안녕 반가워! 나는 케메라고 해."

파룩스의 친구 케메라는 사람 좋은 미소를 지으며 나에게 인사를 건넸다. 큰 덩치에 사람 좋은 미소, 웃을 때 살짝 잡히는 눈가의 주름까지 인상이 정말 좋다. 파룩스와 같은 대학교를 다니는 그는 영어도 곧잘 하는 만 21살 청년이다.

이 집에서 유일하게 요리를 할 줄 아는 케메라는 다음 날 아침 늦잠을
잔 나를 깨우며 아침을 준비했다는 달콤한 멘트를 날린다. 우즈벡에서
이미 경험했지만, 야밤의 적은 모기가 아니라 파리였다. 모기는 적어도
손으로 죽일 수는 있지만, 파리 이놈은 운 없으면 이물질이 터지기 때문
에 죽일 수도 없다. 끊임없이 귀 주변을 웽웽거리는데, 수건으로 얼굴을
감싸도 소용없다. 그렇게 5번 정도를 자고 깨기를 반복했다.

상남자들의 히치하이킹

이틀 뒤, 털 많은 다섯 남자들과 같이 지내기에도 비좁은 집에 새로운
카우치 서퍼가 합류했다. 큰 키에 짧은 금발, 뽀얀 피부를 가진 벨라루
스 출신 '로만'이다. 난생처음 들어본 벨라루스에 대해 짧은 설명을 하
자면, 러시아와 우크라이나 사이에 위치한 동유럽 국가 중 하나다. 1994
년부터 대통령이 바뀌지 않는, 제대로 된 야당도 없는 독재자의 나라이
다. 유럽에서 유일하게 사형을 집행하는 곳이기도 하다. 미남 미녀가 많
다는 소문이 있는데, 로만을 보면 최소한 미남은 많을 것 같다.

"난 벨라루스에서 아제르바이잔까지 거의 히치하이킹으로 왔어."

구글맵을 보여주며 로만이 말했다.

"그 먼 거리를 히치하이킹으로 왔다고? 대중교통은 안 타?"

동티베트에서 처음으로 히치하이킹을 시도해 20분 정도 얻어 타본 나
로서는 상상이 안 가는 거리다.

"너 설마 여기까지 비행기 타고 온 건 아니지?"

옆에서 듣고 있던 파룩스가 진심이냐는 표정으로 물었다. 이마에 'Are you serious?'라고 쓰인 듯했다.

"카자흐스탄에서 아제르바이잔까지 비행기 타고 오지 어떻게 와?"

어처구니없다는 표정으로 내가 대답했다.

"러시아로 갔다가 조지아 거쳐서 오는 거지!"

그렇다. 그들의 여행방식은 무성한 수염처럼 상남자 그 자체였다.

"파룩스와 나는 일주일 뒤에 히치하이킹으로 여행할 건데 너도 갈래?"

옆에서 듣고 있던 케메라가 물었다.

"우리는 오로지 히치하이킹으로만 갈 거야. 절대 대중교통을 이용하지 않고."

자신만만한 표정으로 파룩스가 말했다.

물론 함께 여행 가지 못했다. 짜여진 여행 루트가 이럴 때 발목을 잡는다. 대신 이 짧은 대화 덕분에 새로운 세계에 눈을 떴다. 내 딴에는 카우치 서핑만으로도 상당히 파격적이라고 여겼는데, 히치하이킹이라는 도전 거리가 생겼다. 당장 시도해보기로 마음먹었다.

다음날 히치하이킹을 해보기 위해 진흙 화산 고부스탄으로 향했다. 나름 베테랑인 로만과 함께. 가스가 섞인 회색빛 작은 진흙 화산이 산재해 있는 고부스탄도 상당히 기대되었지만, 이제 주객이 전도되었다. 로만과의 히치하이킹은 생각보다 순조로웠다. 로만을 따라 아스팔트 위에 배낭을 내려놓고 엄지손가락을 치켜세웠다. 히치하이킹에 관대한 나라인지 얼마 지나지 않아 자동차가 멈춰 섰다. 그들은 꼭 목적지가 같지 않더라도 가는 길이면 태워주었다. 이 심플한 루틴에서 내가 할 일은 더욱

심플하다. 옆에서 같이 엄지손가락을 세우고 서 있는 것. 로만이 유창한 러시아어로 이야기하면 "쁘리비엣(안녕)"을, 내릴 때 "스파시빠(고맙습니다)"를 외친다. 딱히 역할이랄 것도 없는 무난한 히치하이킹에서 엄청난 희열을 느꼈다. 모르는 누군가의 허락을 받아 차를 얻어 타는 것은 상상 이상으로 즐거운 경험이었다. 이때의 경험은 조지아에서 무려 934km를 달리게 만든 원동력이 되었다.

유라시아의 보석 아제르바이잔 소개

히치하이킹의 성지
조지아

05

조지아

8천 년에 이르는 와인 생산 기록을 보유한 와인의 나라이다. 한국인 몸이 커피로 이루어져 있다면 조지아인은 와인인 셈이다. 아르메니아와 함께 세계에서 가장 오래된 기독교 국가이다(조지아 정교). 대마초가 합법이다. (참고로 우리가 아는 조지아 캔커피는 미국 조지아주를 뜻한다).

태국인 주미의 여행 파트너 제안

카우치 서핑에서 호스트가 아닌 여행자에게 쪽지가 왔다. 의아했다.

현지인들과 만나기 위해 사용하는 앱이기에 다른 여행자와의 소통은 안중에도 없었다. 어떻게 거절해야 하나 살짝 고민하며 클릭한 대화창은 내 조지아 여행을 송두리째 바꿔버렸다.

Hi,

My name's Jummy, I'm from Thailand. I just found your post while reading travelers's post in Tbilisi, Georgia. I have had a dream too, for writing about my stories and passion to face the world and release them in term of book, but now I only noted what I have met and draft some stories. So when reading through your profile, I'm also interested in your dream too. I love writing, especially typing in computer. I'm gonna go to Georgia in August, hence if we have match time we can meet if you want :) I'm looking for some friends too.

Cheers,

Jummy

글쓰기를 좋아하고 나처럼 책을 쓰고 싶다는 주미의 글은 단번에 시선을 사로잡았다. 장문의 메시지와 공감은 없던 마음도 생기게 만드는 힘이 있다. 하지만 모르는 여자랑 단둘이 며칠간 동행하는 여행은 내 계획에 없었다. 서둘러 주미의 사진들을 눌러본다. 학창시절 반에서 공부도 잘했을 것 같고, 조용한데다 어딘가 여유로워 보이는 느낌을 주는 인상이다. 장기매매는 아닌 듯하다. 화이트보드 앞에서 이동식 마이크를

낀 채 수업을 하는 Volunteer teaching 사진을 보니 더욱 확신이 든다. 세상만사 얼굴로 판단할 수 없지만 '안전한 상'이라는 직감이 왔다. 레퍼런스마저 그녀의 성격에 대한 칭찬 일색이다. 따지고 보면 이번 여행 자체가 직감에 의존하는 게임인데, 무서울 것도 없다. 젊을 때 아니면 언제 이렇게 대범하게 여행할 수 있을까?

* 다시 한 번 언급하지만, 직감에 의존하다가 장기 털리고 드럼통 행이 될 수도 있다. 이 책은 저자는 '안전하게 돌아왔으니 젊음을 믿고 뭐든 대범하게 해보세요!'라는 되지도 않는 무책임한 코멘트를 지양한다.

'내 첫 번째 계획은 쿠타이시, 죽디디, 메스티아 등 풍경이 예쁜 곳 위주로 가는 거야. 너는 자연을 좋아하니?'
주미에게 받은 메시지다. 여행 스타일마저 비슷한 우리는 트빌리시 몰 앞에서 만났다.

살면서 '짜릿하다'는 감정을 얼마나 자주 느낄까? 영화배우 정우성은 말했다.
"짜릿해! 늘 새로워, 잘생긴 게 최고야!"
정우성 정도는 되어야 매일 느끼는 짜릿함을 우리는 히치하이킹으로 상쇄할 수 있다.
히치하이킹의 묘미는 짜릿함이다. 온화한 미소와 함께 엄지손가락을 치켜들고 차를 기다리는 행위는 새롭고 신선하다. 드라이버에게 태워준다는 사인을 받는 순간의 짜릿함은 굉장하다. 식당 알바를 하다가 손님에게 팁을 받았을 때, B+를 예상했는데 A를 받았을 때의 짜릿함과 비슷하지만, 색다른 맛이 있다. 이건 현재진행형 짜릿함이기 때문이다. 오케이 사인이 첫 번째 짜릿함이라면 차에서 운전자와 이야기를 나누는 두 번째 짜릿함이 남아있기 때문이다. 아제르바이잔에서 만난 로만 말로는 조지아야말로 히치하이킹의 성지라고 했다. 카더라 통신에 따르면 '차를 태워줌은 물론 먹을거리까지 안겨 준다'는 조지아에서 히치하이킹을 안 할 수는 없다.

"우리 메스티아까지 히치하이킹으로 가볼래?"

격양된 어조로 내가 말했다.

"히치하이킹? 좋아. 나도 한번 한 적이 있는데 재밌더라고!"

역시 내 직감은 맞았다. 주미와 여행 스타일 하나는 척척 맞았다.

934km 히치하이킹

트빌리시 몰-쿠타이시-삼다디아-메스티아, 그리고 다시 트빌리시까지가 주미와 나는 한화로 137원짜리 딱딱한 빵을 먹으며 나름의 규칙을 짰다.

첫째, 목적지를 적은 종이를 들고 엄지손가락을 치켜세운다.

둘째, 아이컨택을 위해 선글라스는 끼지 않는다.

셋째, 언제나 미소를 띤다.

넷째, 내릴 땐 작은 선물을 준다.

14시 30분, 우리는 트빌리시 몰 앞에 섰다. 두근거리는 마음으로 엄지손가락을 힘껏 치켜들고 미소를 띠었다. 그리고 정확히 5분 후 파란색 SUV가 멈춰 섰다.

"안녕하세요. 저는 한국에서 왔고, 이 친구는 태국에서 왔어요. 여행하는 중인데 혹시 쿠타이시까지 차를 태워주실 수 있나요?"

행여나 휙 지나갈까 봐 숨도 안 쉬고 말을 뱉었다.

"좋아. 나도 쿠타이시 쪽으로 가는 길이야. 타."

놀랍게도 우리는 5분 만에 쿠타이시까지 가는 4시간짜리 차에 탑승했다. 대머리에 배가 나온 아저씨는 상당히 푸근했다. 선글라스를 껴서 아이컨택은 못했지만, 분명 선하디선한 눈을 가지셨을 거라 확신한다.

조지아가 히치하이킹의 성지라는 건 팩트임에 틀림없다. 기본적으로 차들이 일단 멈춰 서서 이야기를 들어준다. 가는 방향과 조금이라도 비슷하면 태워주고 본다. 바쁜 사람들은 적어도 고개를 까딱하며 눈인사를 하거나 웃어준다. 조지아인들은 합심한 듯 히치하이커들의 자존감을 높여줬다. 그렇게 두 번째 히치하이킹도 20분 만에 성공했다. 메스티아까지는 못가도, 같은 방향인 삼다디아까지는 태워준다는 말에 "땡큐!"를 연발하며 얻어 탔다.

삼다디아에 내리자마자 은혜로운 조지아인들을 위해 종이에 'We love Georgia'를 썼다. 나는 'We love Georgia'를, 주미는 'Mestia'를 쓴 종이를 들고 엄지를 치켜세웠다. 2분쯤 지났을까, 15톤 정도 되어 보이는 화물차가 우리 앞에 섰다.

"이런 하필 여기에 주차하노. 저 앞으로 자리 옮기자."

자리 뺏긴 불법 포장마차 주인인 양 배낭을 메며 내가 말했다. 그때

였다.

"Where are you going?"

15톤 화물차 차주가 무려 직접 내려서 말을 걸어 주셨다. 죽디디까지 태워주겠다는 과묵한 아저씨는 '루엘'이라는 예쁜 이름을 가졌다. 지금까지 루엘을 포함해서 태워주신 분들은 다들 강호동 정도는 되는 덩치와 민머리의 40대 남성이다. 상남자처럼 생긴 그들은 영어가 짧기도 했지만, 실제로도 대부분 말이 별로 없으셨다. 말을 걸어도 티키타카가 되지 않으니 뭔가 택시를 공짜로 얻어 탄 꼴이다. 그때였다.

"Wait."

루엘은 기어를 P로 돌리더니 홀연히 차 문을 열고 떠났다. 기다려 라는 말 한마디 남긴 채.

"뭐지, 신종 인신매매인가?"

입은 웃고 있지만, 눈빛은 심히 흔들리는 주미가 말했다.

"대낮이니까 일단 5분만 기다려보자."

여권과 지갑이 든 가방을 움켜쥐며 침착한 척 내가 대꾸했다.

정말로 5분쯤 지났을까, 루엘이 다시 돌아왔다.

"Do you like a melon?"

멜론과 땅콩을 주며 루엘이 씩 웃는다. 차도 태워주고 먹을 음식까지
챙겨주는 조지아인들이란…. 신뢰를 넘어 사랑해도 되겠다.

루엘의 화물차 이후 세 번의 차를 얻어 탄 후에야 메스티아에 도착했
다. 심지어 마지막 차에는 독일에서 온 다른 히치하이커 두 명과 합승까
지 했다. 요즘은 택시도 승객 네 명은 피한다. 히치하이킹의 성지는 다르

긴 달랐다. 운전자 포함 다섯 명을 태운 승용차는 열심히도 달렸다. 그렇게 총 7시간 만에 메스티아에 도착했다.

메스티아는 말 그대로 뜨악할 정도로 예쁘다. 우리 모두 스위스 하면 떠오르는 풍경이 메스티아에 펼쳐져 있다. 가보지도 않은 스위스를 조지아에서 만났다.

히치하이킹의 성지 조지아 [VR 360]

대마초를 처음 본 날

"나는 히치하이킹 하는 데 두 시간이나 걸리던데?"

메스티아 게스트하우스에서 만난 튀르키예인이 말했다. 인정한다. 내가 운전자라도 남자 한 명 태우기는 살짝 꺼림칙할 것 같다. 낯선 사람이 딴맘 품었을 때 내가 이길 수 있을지 모르니까. 반면 주미와 나처럼 남녀가 히치하이킹을 하면 뭔가 신뢰감이 든다. 웃고 있는 남녀는 범죄와는 거리가 멀기 마련이니까.

우리는 메스티아에서 10분 만에 히치하이킹에 성공했고, 순조롭게 죽디디에 도착했다. 하지만 세상은 여전히 호락호락하지 않았다. 비가 온다. 왼손으로 살이 삐져나온 우산을 쓰고 오른손엔 트빌리시 종이를 든채 길가에 섰다. 그렇게 45분 동안 서 있었다. 비가 추적추적 오는데도 차가 세 번 정도는 섰다. 방향이 달라서 못 탔을 뿐. 그렇게 빗물로 엄지손가락을 치켜든 오른손이 거의 다 젖을 때쯤 은색 도요타 승용차가 우리 앞에 섰다.

그들은 창문을 열고 조지아어로 무어라 소리쳤다. "Hey, Get in the car!"라는 느낌이었다. 우리를 부르는 그들의 손짓은 확신을 심어주었다. 운전석에는 파마머리에 수염이 덥수룩한 남자가, 조수석엔 짧은 머리에 눈이 움푹 패인 아저씨가 타고 있었다. 영어는 안 통했지만 바디랭귀지는 제법 통했고, '트빌리시'라는 단어는 확실히 알아들었다. 이 기회를 놓칠세라 우리는 냉큼 차에 올랐다. 물론 번역 어플로 한 번 더 확인 사살을 했다. 짧은 머리 아저씨는 어린 딸래미 사진을 보여줬다. 경계심이 더욱 사라져 이내 숙면을 했다. 사실 잠을 자는 건 상당히 매너 없는 행동이지만, 빗속에 서 있던 터라 정신을 붙들 겨를도 없이 쓰러졌다.

한 시간 후 낯선 냄새와 웃음소리에 깼다. 그들은 시뿌연 코카콜라 병을 들고 웃어댔고, 나도 웃으며 말했다.

"What's that coke? Is that ashtray?"

재떨이냐는 질문에 조지아어로 무어라 대답하는 그들이었다.

"I think it's marijuana…."

옆자리 주미가 눈치 보며 귓속말로 말했다. 조지아는 마리화나가 합법이다. 그런데 나는 한국인이다. 심장이 쿵쾅대기 시작했다.

"Here."

희뿌연 코카콜라를 건네며 말했다.

'아, X 됐다.'

"No No No, I can't. I don't want to go to jail."

영어는 못 알아듣지만, 손사래는 만국 공통인가 보다. 젠틀한 아저씨들은 더 이상 권유를 하지 않았다. 하지만 왠지 모르게 한 손으로 운전

대를 잡고 있는 그의 손이 상당히 위태로워 보이기 시작했다. 마리화나를 피우고 기분이 좋아져 뭔 짓을 하는 건 아니겠지 하는 긴장감이 들었지만, 이렇다 할 사건(?) 없이 트빌리시에 도착했다.

사실 트빌리시에서 메스티아까지 가는 길은 간단하다. 트빌리시에서 죽디디까지 기차를 타고, 죽디디에서 메스티아까지 버스를 타면 끝이다. 토탈 40라리, 16달러 정도가 든다. 히치하이킹으로 차비 아낄 생각은 전혀 할 필요가 없다는 뜻이다. 오히려 기다리는 시간과 운전자를 위한 작은 선물값이 더 나갈 수도 있다.

그럼에도 히치하이킹은 '세상은 믿을 만하고 살 만하구나'를 절실하게 깨닫게 해 준 경험이었다. 시간과 체력이 있으면 또 하고 싶다. 하지만 무책임하게 추천하고 싶지는 않다. 이건 마치 인도여행과 같다. 누군가에겐 최고의 여행지일 수 있겠지만, 또 다른 누군가는 금품을 갈취당하거나 강간을 당하고 살해되기도 하는 것과 마찬가지다.

와인의 나라 조지아, 술문화

아픔 많은
아르메니아

06

아르메니아

　세계 최초로 기독교를 수용한 국가이다. 대부분의 아르메니아인은 가장 오래된 기독교 종파인 '아르메니아 사도교회' 신자이다. 코카서스 3국 중에서 가장 열악하며 외교적으로도 고립되어 있다. 광물 채굴과 관광 외에는 산업기반이 없다. 1인당 GDP 4,670달러(약 620만 원, 21년 기준)에 인구 277만 명이다. 아제르바이잔이 자원이 풍부해 '불의 나라'로 불리는 반면, 아르메니아는 '돌의 나라'로 불린다.

젊은 커플 집에 초대되다

아르메니아에서는 유독 호스트를 찾기 어려웠다. 아니 제일 어려웠다는 말이 맞다. 레퍼런스가 많이 있는 분들은 사정이 있어서 초대해주지 못한다는 메시지라도 보내왔지만, 대부분은 답장조차 하지 않았다. 가만 생각해 보니 이미 아제르바이잔을 방문한 데다가, 당시 나에게 레퍼런스를 남겨준 5명 중 3명이 아제르바이잔 출신이라서인가 하는 생각이 들었다. 합리적 의심이다. 그 정도로 두 나라는 사이가 좋지 않다.

조지아 트빌리시에서 아르메니아 예레반으로 국경을 넘을 때도 마찬가지였다.

"아제르바이잔은 왜 갔었죠?"

검사관이 웃음기 하나 없는 엄숙한 표정으로 물었다.

'여행자니까요.'라는 말이 목구멍에서 맴돌았다. 여행하러 갔지 기름 캐러 갔겠냐. 마치 기업에서 지원동기를 묻는 것과 유사하다. 돈 벌려고 지원한 사람에게 소설을 쓰게 만든다. 그래서 나도 즉석에서 소설을 썼다. 공연히 그의 심기를 건드릴 필요는 없었다.

"우즈벡에서 아제르바이잔 가는 비행기 편이 제일 저렴해서 어쩔 수 없이 갔어요."

물론 이 한마디로 해결되지 않았다. 아르메니아 친구가 있어서 방문하는 거라고 덧붙이니 그 친구 번호를 달란다. 확인 전화를 반드시 해야겠다고 말했다. 덕분에 아직 한 번도 만나보지 못한 아르메니아 친구 안나에게 전화를 걸었다.

"아제르바이잔을 방문했던 이 사람이 정말 당신 친구가 맞나요?"

검사관은 안나에게 위 문장 그대로 물었다. 정말이다. 확인 전화가 끝나고야 못마땅한 표정으로 나를 놓아주었다. 공항이었으면 이렇게까지는 안 했을지도 모른다고 위로를 해본다. 아무리 국경이라도 이래도 되나 싶기는 했지만 말이다.

아르메니아 사람들이 답장을 주지 않는 것도 이해가 되었다. 하지만 꼭 호스트를 찾고 싶었다. 되면 좋고 안되면 말지라는 생각으로 몇몇 사람들에게 마지막으로 메시지를 보냈다. 딱히 기대를 하고 있지 않았는데 다음날 한 커플에게 연락이 왔다. 가끔 커플 호스트들이 있다고는 들었는데, 이런 복덩이가 들어올 줄이야. 무려 이야기할 사람이 두 명이다.

아르메니아 화폐에는 예술가가 많다. 화가, 작가, 시인, 작곡가 등 일반적인 화폐 속 인물과는 분위기가 꽤 다르다. 예술적인 느낌이 팍팍 나는 이곳에서 히약과 오펠라를 만났다.

"안녕 나는 히약이고, 이 친구는 오펠라야."

머리는 거의 다 벗어졌지만, 눈썹과 수염은 덥수룩한 히약이 오펠라의 손을 잡으며 말했다. 히피펌을 한 오펠라와 초록색 선글라스를 쓴 히약은 꾸미지 않아도 힙한 느낌이 났다.

그들은 나를 단골 카페로 인도했다. 좁지만 아기자기한 소품으로 가득 찬 카페에서 우리는 입에서 단내가 날 때까지 수다를 떨었다. 투머치토커에 나만큼 호기심이 왕성한 그들과는 첫 만남부터 코드가 잘 맞았다. 집으로 자리를 옮기고도 우리는 온갖 이야기를 나누었다.

"한국 시 한 편 읊어줘. 한국어로."

한국의 문화와 정치에 지대한 관심을 보이는 오펠라가 대뜸 말했다. 한국어 원어민의 낭독을 듣고 싶다고 한다. 시를 읊어 달라는 요청은 고등학교 국어 시간 이후 처음 있는 일이었다. 불현듯 아빠 침대 선반에 놓여있는 윤동주 시인의 「서시」 액자가 떠올랐고, 최대한 발음을 정확하게 하며 운을 뗐다.

죽는 날까지 하늘을 우러러
한 점 부끄럼이 없기를,
잎새에 이는 바람에도
나는 괴로워했다.
별을 노래하는 마음으로
모든 죽어가는 것을 사랑해야지
그리고 나한테 주어진 길을
걸어가야겠다.
오늘 밤에도 별이 바람에 스치운다.

"Beautiful!!"
피우던 담배까지 끄고 집중해서 듣던 오펠라는 박수를 쳤다. 세상에, 외국에서 한국어로 시를 읊고 박수도 받다니.

멍이 아물 틈이 없는 나라

아르메니아의 평균 월급은 40~50만 원대를 웃돈다. 가난은 보통 옷과 스타일에서 나타나는데, 이곳 거리를 노닐다 보면 오히려 옷 잘 입는 사람들이 많이 보인다. 특히 아르메니아 여성들의 패션 감각은 서울 사람들과 크게 다를 바가 없다.

길거리에는 음수대가 지천인데, 장식용이 아니다. 대부분의 시민은 줄을 서서 물을 마시거나 물병에 담아간다. 그만큼 정부를 신뢰하는 건지 실제로 음수만큼은 제대로 돌아가는 건지 모르지만, 그들은 공짜 음수대에 꽤 프라이드를 가지고 있는 듯 보였다. 나도 그 물을 마시고 배탈 한번 나지 않았다. 한술 더 떠 거리조차 깨끗하다. 더불어 조지아 하면 와인, 아르메니아 하면 꼬냑이라는 말이 있을 정도인데, 맛있는 꼬냑이 한화로 3천 원밖에 안 한다. 천국이라는 말이다.

"우리 체스 할래?"

담배를 꼬나물며 히얀이 말했다. 이 커플은 대단한 애연가다. 그는 아침에 일어나면 담배에 불을 붙였고, 아침 식사 후 곧바로 담배를 물었다. 그는 한번 담배를 손에 쥐면 보통 5대는 태운다. 최소 하루 두 갑은 되어 보인다. 중학생 시절 PC방에서 하루 종일 놀았을 때를 제외하면 이렇게 가까이서 오랜 시간 담배 연기를 맡아본 적은 처음이다. 웃으며 대화를 했지만, 정신이 혼미하기까지 했다. 오펠라는 처음 담배를 태울 때 괜찮냐고 걱정을 했고, 나는 두 손을 연신 휘저으며 상관없다고 거짓말을 했다. 배려심 깊은 오펠라는 그 후 몇 번이나 되물었지만, 게스트 주제에 그들의 기호식품을 방해할 수는 없었다. 그렇게 자욱한 연기 속에서의 생활이 시작되었다. 카우치 서퍼는 뭐든 감수할 각오를 해야 한다.

아무튼 다시 체스 이야기로 돌아와서, 나는 그에게 단 한 번도 체스를 이기지 못했다. 초등학생 시절 반에서 체스 1등이었는데 너무 옛날이야기인지 속수무책으로 졌다. 아르메니아의 화폐 2,000드람에는 깔끔하게 양복을 입은 한 신사의 초상화가 있다. 그의 이름은 '티그란 페트로시안', 세계 체스 챔피언이다. 우리나라로 치면 바둑 기사 이세돌을 지폐에 넣은 셈이다. 예레반 길거리에는 대형 체스판이 있고, 그들은 학교에서도 체스를 배운다. 역시 지는 데는 이유가 있다. 참 다행이다.

"그런데 말이야, 스탈린, 부패 등등 문제가 많았지만, 오히려 소련 시절이 좋았다고 생각하는 사람도 많아."

내가 체스를 너무 못해서 흥미가 떨어졌는지, 히약이 또 다시 담배에 불을 붙이며 말했다.

"그땐 공산주의인데도? 조지오웰의 동물농장처럼?"

"그렇지. 그래도 생활만 보면 더 나을 수도 있어. 소련 시절 대학은 공짜였고, 모든 사람이 직업을 가졌었거든. 나라에서 할 일을 정해주니까 노숙자도 거의 없었어. 공부를 잘하면 대학을 갔고, 못 하면 공장을 가면 됐어. 집도 줬고 말이야. 우리 할머니 시절 이야기인데, 큰 걱정이 없는 시절이었지. 그때는 소련이 강대국이었기도 하고."

최강대국 소련이었다가 지금은 인구 277만 명에 남한의 삼 분의 일밖에 안 되는 국토를 가진 나라가 되었으니, 그런 생각을 할 만도 하다. 이해가 가는 대목이다. 그나저나 아르메니아는 한국과 닮은 구석이 많다. 주변 국가에게 하도 얻어맞아 시퍼렇게 멍들어 있다. 정확하게 말하자면 우리나라와 비교가 안 될 정도로 불운해서 마음이 착잡하다.

아르메니아의 역사는 매우 오래되었다. 무려 기원전 4천 년경에 아라라트산 인근에서 문명이 발굴되었다. 세계 최초의 기독교 국가이기도 하다(아르메니아 정교는 한국의 개신교와는 다르다). 또한 아르메니아어는 서기 405년에 창제되었다. 우리나라처럼 고유의 언어와 문자, 종교, 문화를 가졌다. 하지만 그들은 지정학적으로 너무 운이 없다. 여러분들도 아시다시피 지정학적 위치는 매우 매우 중요하다. 미국이 최강대국인 이유도 위치에 있다고 해도 무방하다. 미국은 온난한 기후, 세계에서 가장 크고 비옥한 경작지, 방대한 양의 강줄기 덕분에 운항 가능한 12개의 수로, 태평양과 대서양을 모두 활용할 수 있는 신이 내린 토지를 가졌다. 그들은 유통체계에서 완벽했고, 자연환경 덕분에 캐나다와 멕시코에서 안전하게 분리될 수 있었다. 달러패권과 셰일가스를 제외해도 미국은 그 자체로 다이아몬드 수저를 물고 탄생했다.

한편 아르메니아는 흙수저다. 경상도 정도의 영토에 대부분이 산악지대인 내륙국이다. 주변국과의 관계도 암울하다. 서쪽엔 튀르키예, 동쪽엔 아제르바이잔으로 모두 철천지원수다. 그들은 바다가 없다. 때문에 북쪽 조지아의 바투미항을 통해 무역이 이루어진다. 즉 조지아마저 등을 돌리면 평범한 이웃 나라조차 없는 셈이다.

우리가 일본과 중국에게 수많은 침략을 당한 것처럼, 아르메니아는 오스만제국, 지금의 튀르키예에게 수백 년간 지배당하고 학살당했다. 오스만은 이스탄불에 섞여 지내던 아르메니아인들을 집단 학살했고, 그 수가 60만 명에서 150만 명에 달한다고 유럽의 연구원들은 말한다.

대부분의 나라는 중국의 압박으로 대만과 외교를 맺지 않는다. 이처럼 국제 사회는 시장성을 지닌 튀르키예와 석유를 가진 아제르바이잔이 아르메니아보다 도움이 된다는 사실을 잘 안다. 아르메니아는 강력한 동맹국도, 자원도 없다. 자료를 찾다 보니 아르메니아는 유대인처럼 본국보다 해외에 거주하는 인구가 더 많은 국가라고 한다. 해외에 흩어져 살아가는 아르메니아인은 70개국 500만 명에 달한다. 유대인 다음가는

디아스포라(diaspora)다. 아이러니하게도 아르메니아의 최대 수입은 해외에 거주하는 아르메니아인들의 투자와 송금이다. 아르메니아에는 스타벅스가 아직 들어서지 않았고, 한국 대사관조차 없다.

히약과 오펠라와의 만남은 정말 즐거웠다. 록을 좋아하는 그들 덕분에 록카페에서 꼬냑을 홀짝거리기도 했고, 보드카 제대로 마시는 법을 배우기도 했다. 모든 카우치 서핑 호스트에게 감사함을 느꼈지만, 그들은 조금 더 특별했다. 아제르바이잔-아르메니아, 상대국 이름을 언급하기만 해도 치를 떠는 와중에 아제르바이잔에서 친구까지 사귄 나를 거리낌 없이 게스트로 받아주다니. 박애로 가득 찬 커플이었다.

시어머니가 처녀인지 확인한다고?

앞서 언급했듯 아르메니아에는 펜팔친구 안나가 있다. 한국어를 전공하는 안나는 쓰기에 굉장히 능숙했다. 1년밖에 배우지 않았다는데, 메시지를 주고받는 데 거침이 없다. 문법을 틀리는 일도 거의 없었다. 안나 덕분에 아르메니아 여행은 더욱 안심이 되었다. 한국어를 잘하는 외국인 친구는 천군만마이다. 안나와는 심도 있는 토론을 할 수 있겠다는 일말의 기대를 품었다.

우리는 예레반의 플리마켓에서 만났다. 안나는 혼자 오기 어색했는지 학교 동기 한 명을 데려왔다. 친구 이름은 리릿으로 같은 한국어과 학생이었다. 하지만 예상외로 안나는 "이거 먹으러 갈래?" 같은 쉬운 문장을 알아듣지 못했다. 리릿 말로는 아르메니아에 한국인이 없어서 회화를 연습할 기회가 없었다고 한다. 이런 환경에서 라이팅이라도 잘하는 게 기적이었다. 최대한 또박또박 말을 해야 했기에 얼떨결에 서울말 연습까지 할 수 있었다.

30대와 20대가 세상을 보는 관점은 다르다. 30대 커플인 히약과 오펠라의 이야기를 들었다면, 이제는 20대 안나와 리릿이 보는 아르메니아를 알고 싶었다.

며칠간 아르메니아를 머물면서 느낀 점은 이십 대 중반 정도로 보이는 여성들이 5살은 되어 보이는 아이를 데리고 다닌다는 점이다. 그들을 이모라고 하기에는 한두 명이 아니었다.

"아르메니아 여자들은 일찍 결혼해?"

"응 우리는 보통 19살이나 20살에 결혼해. 우리 반에는 16살인데 결혼한 친구도 있어."

안나가 대답했다. 16살짜리 소녀와 결혼한 남편은 25살이란다. 그렇게까지 어린 사람이랑 어린 나이에 결혼하고 싶을까 의문이 든다. 안나와 리릿의 부모님도 19살에 결혼을 했다. 리릿은 자기 어머니가 자기보다 더 어려 보인다면서 휴대폰을 열어 어머니 사진들을 보여주었다. 아무리 봐도 이십 대 후반으로 보이는 리릿의 어머니는 그녀와 자매처럼 보였다.

"진짜 일찍 결혼하는구나. 그러면 너희도 일찍 결혼하고 싶어?"

"아니, 나는 취업을 하고 싶어. 그게 꿈이거든. 우리는 결혼하면 직장도 안 다니고 그냥 집에서 평생 애만 봐야 해. 대학 다니다가 결혼하면 대부분 학교도 자퇴해."

오펠라는 아르메니아 여성 인권에 대해 불만이 있었지만, 속 시원하게 말하지는 않았다. 애매하게 들으면 더 궁금한 법이다. 이 친구들이라면 깊게 질문해도 될 것 같았다.

"음… 혹시 아르메니아 여성 인권에 대해 어떻게 생각해?"

"우리는 19~20살에 보통 다 결혼해. 결혼 후에는 사회생활을 안 하기 때문에 대부분 신경을 안 써. 일 안 하고 애만 보기 때문에 여성 인권에 관심이 없지. 그런데 나는 달라. 난 취직할 거고, 결혼하고도 일을 하고 싶어. 만약 남자가 인정 안 해주면 그 사람이랑 결혼 안 할 거야."

아르메니아에서는 안나처럼 대학교육을 받고 사회생활의 꿈까지 있는 여성이 아니면 이런 생각을 별로 하지 않는다는 사실이 참 안타까웠다.

"너 혹시 레드 애플 의식이라고 들어봤어?"

리릿이 말했다.

"아르메니아 여성은 순결을 강요받아. 결혼하기 전까지 순결을 지켜야 하는 분위기가 있거든. 레드 애플 의식은 신부가 본인이 처녀라면 빨간 사과를 남편의 집안에 다 돌리는 의식이야. 만약 첫날밤을 치르고 처녀가 아니라는 사실이 발각되면 남자 쪽에서 여자를 쫓아낼 수 있어. 파혼을 하는 거지. 그리고 사람들은 그 파혼을 당연하게 여겨."

"가장 충격적인 건, 첫날밤을 치르고 난 다음 날 아침 시어머니가 직접 침실로 들어와 피 묻은 시트를 갈아준다는 거야. 피가 안 보이면 파혼당하는 거고."

「신비한 TV 서프라이즈」에서나 나올 법한 충격적인 이야기였다.

"아니, 근데 처녀라고 모두 피가 나는 건 아니잖아? 피가 안 나는 사람도 있어. 애초에 처녀막이라는 것은 존재하지도 않고."

"맞아. 그런데 그걸 이해 못 하는 사람도 있어. 그럴 경우, 드물게 신부를 병원에 데려가서 처녀인지 확인을 시켜."

다행히 레드 애플 의식은 요즘에는 많이 줄었다고 한다. 하지만 지극히 보수적인 집안이나 시골에서는 이런 어이없는 짓이 가끔 일어난다고 한다. 대부분 그냥 순결을 지키면 좋다는 인식 정도만 남아있다고 한다. 리릿의 말로는 20퍼센트 정도만 이 레드 애플 의식을 진행한다고 하는데, 나중에 만난 다른 친구 말로는 20퍼센트보다는 훨씬 많다고 했다.

그들의 말을 종합해 보면 단순 의식으로 레드 애플을 돌리는 일은 여전히 벌어지고 있는 것 같지만, 시어머니가 처녀혈을 확인하는 전통은 많이 사라진 것 같다. 아무튼 중요한 점은 여성은 순결을 지켜야 한다는 사회의식이 팽배하게 남아있다는 것이다.

"그런데 한국도 보수적인 나라이지 않아?"

안나와 리릿이 물었다.

"우리는 여자의 순결을 강요하지 않아. 적어도 젊은이들은 그래. 솔직히 처녀이든 말든 무슨 상관인데?"

다른 건 몰라도 이 점은 자신 있게 말할 수 있었다. 그들은 더욱 한국에 오고 싶다고 했다.

신여성 메리

레드 애플 이야기는 너무 충격이었다. 레드 애플의 사실 여부와 정확성을 위해 다른 사람들 이야기를 더 듣고 싶어, 인터뷰를 하기로 마음먹었다. 길거리 즉석 인터뷰가 슬슬 익숙해지던 차였지만, 20대 여성에게 레드 애플 이야기를 꺼내는 건 결코 쉬운 일은 아님을 직감했다. 그래도 칼을 빼냈으면 무라도 잘라야지 하는 심정으로 예레반 공화국 광장으로 향했다. 저녁 분수쇼 덕분에 많은 사람이 나와 있었는데, 동양인은 한 명도 보이지 않았다. 철저한 이방인임을 깨닫고 가벼운 발걸음으로 사람들에게 다가갔다.

"저 영어 못해요."

"얼굴이 나오는 인터뷰는 좀 힘들어요."

두 명에게 거절당하고 나니 살짝 자신감이 떨어졌다. 이쯤 되면 이판사판이다. 아까부터 눈이 마주쳤지만, 부모님과 함께 있어서 쉽사리 접근을 못 했던 친구에게 다가갔다.

"안녕하세요. 저는 한국에서 온 대학생인데요. 혹시 시간 되시면 나중에 아르메니아에 대한 인터뷰를 요청해도 될까요?"

시간이 없어서 본론부터 말했다.

"좋아요!"

단박에 오케이를 해준 쿨하디 쿨한 이 친구의 이름은 메리다.

다음날 우리는 공화국 광장에서 다시 만났다. 몇 마디 나눠보니 메리
는 만 19세의 나이에 러시아어, 영어, 아르메니아어, 불어, 독일어를 구
사할 줄 아는 스마트함에 똑 부러지는 성격의 소유자임을 알 수 있었다.
최적의 인터뷰이다. 여행지만 가면 인복이 터지는 현상에 감탄하며 인
터뷰를 시작했다.

"레드 애플 관행은 무엇이고, 거기에 대해 어떻게 생각하세요?"

인터뷰 중반쯤 되었을 때 본론을 물었다.

"결혼 전에 신부 측이 처녀인지 아닌지 알려주는 거예요. 만약 처녀
가 아니면 신부 측 가족이 수치심을 느끼죠. 첫날밤에 혈이 보이지 않
으면 파혼을 당하기도 하고, 산부인과에 가서 처녀임을 증명해 달라고
하기도 해요. 저희 세대는 그 전통에 굉장히 반대해요. 부부관계는 다
른 사람이 침해해서는 안 되고, 굳이 알려고 하는 것도 예의가 아니니
까요. 저는 이게 좋지 않다고 생각해요. 여자가 경험이 있든 말든 무슨
상관일까요?"

어린 나이에 정말 똑 부러지게 본인의 의견을 피력하는 모습을 보
니 흐뭇하기도 하고 대단하기도 했다. 내친김에 아제르바이잔 이야기
도 꺼냈다.

"저는 사실 아제르바이잔도 여행했고 몇몇 친구들을 사귀었는데, 두
나라의 관계가 매우 적대적이더라고요. 혹시 이 적대적 관계에 대해서

는 어떻게 생각하시나요?"

"슬픈 일이죠. 대학살 사건도 있고요. 그래도 그건 정치적인 문제이지 민족 간의 큰 대립은 아니라고 생각해요. 모든 아르메니아인이 아제르바이잔에게 적대적이라고 할 수는 없는 것 같아요. 저는 튀르키예와 아제르바이잔 친구들이 많이 있거든요. 친구들은 자기 민족이 저지른 잘못을 인정해요. 저도 그들을 존중하고요. 과거의 정치적 이슈, 학살과 지금 세대 친구들은 다른 문제라고 생각해요."

가슴 아프게도 2020년 9월 27일 아제르바이잔과 아르메니아 전쟁이 발발했다. '나고르노카바하르' 지역에 대한 영유권 문제가 원인이었다. 아제르바이잔의 승리로 끝난 이 전쟁은 아르차흐 및 아르메니아군 4,088명 전사, 아제르바이잔군 2,906명 전사라는 참극을 빚었다. 더구나 아르메니아 민간인 65명이 사망했고, 아제르바이잔 민간인 100명이 사망했다. 이 전쟁은 2020년 11월 10일이 되어서야 끝났다. 전쟁 기간 두 나라 친구들의 인스타그램을 보는 건 참 힘든 일이었다. 두 나라에 평화가 깃들기를 바랄 뿐이다.

여성인권 문제의 중심 아르메니아 소개

여름방학을 마치며

이 책을 퇴고하는 지금 이 순간에도 여름방학의 내가 참 좋다. 그리스인 조르바처럼 용감했고, 자유로웠다. 이지의 말 'Money is nothing, Memory is everything'처럼 평생 소중하게 간직할 추억을 얻었다. 살아가는 데 커다란 에너지가 될 경험이라고 자신 있게 말할 수 있다. 십년 넘게 고대했던 일을 기어코 이루는 중이라는 쾌감은 세로토닌을 폭발시키고도 남았다. 조지아에서 건네받았던 마리화나도 그 쾌감을 충족하지 못했을 거라 확신한다.

"너 인생 최고의 순간은 언제였어?"라는 질문을 다시 받는다면 또렷하게 말할 수 있다. 70일간의 여름방학이었다고.

70일의 여름방학 동안 겪은 일 중 못다 한 이야기가 많다. 특히 동티베트에서는 따로 한 파트를 써도 좋을 만큼 경이롭고 신기한 경험을 했다. 이 책의 콘셉트와 맞지 않아 워드 파일에 갇혀 있는 경험과 글들이 많다. 언젠가 기회가 되면 그 이야기들도 다뤄보고 싶다.

Part 03

겨울방학 70일
취준생이 여행하는 방법

자소서 쓰고 자격증 준비하면서 여행하기

겨울방학을 앞둔 나는 세속적인 학생이 되어 있었다. 열정 넘치던 그리스인 조르바의 모습은 희미해지고, 슬슬 취업이 두려운 4학년이 코앞으로 다가왔다. 직장인이 되어보니 아프리카 대륙을 돌아도 좋았을 시기였지만, 당시의 나는 현실과 타협을 해버렸다.

이번에는 자소서와 자격증 준비를 하며 떠나는 여행이다. 내년에 있을 미국 인턴 자소서 마감이 겨울방학과 맞물려 있었다. 고로 여행을 하면서 틈틈이 자소서를 쓰고, 외국어 자격증 준비를 할 계획을 짰다.

타협의 결과는 '디지털 노마드식 여행'이다. 디지털 노마드는 공간과 국가의 제약을 받지 않고 노트북 하나 들고 자유롭게 일하는 사람들이다. 대학생인 나는 일 대신 취업 준비로 대체하면 그만이다. 그렇다고 여행 가서 도서관에서 죽치고 있을 생각은 없고, 자연스럽게 두 마리 토끼를 잡을 수 있는 환경을 설정했다. 중국어와 영어를 쓰는 국가인 대만과 인도네시아, 말레이시아로 루트를 잡았다.

너무나도 안전한 대만에서
뭐라도 찾기

01

대만인들은 왜 이렇게 일본을 좋아할까?

타이베이를 쏘다니다가 늦지 않은 오후가 되면 컴퓨터를 켜고 중국어 인강을 듣는다. 문제도 몇 개 풀어본다. 써먹을 만한 문장을 게스트하우스 직원들에게 그대로 연습해 본다. 간단한 저녁을 먹고 빵빵한 에어컨 속에서 잔다. 이렇게 며칠을 보내니 슬슬 매너리즘이 왔다. 그때 러시아인 빅토르를 만났다.

게스트하우스 캐비닛에서 서성이는 그는 누가 봐도 범상치 않아 보였다. 그는 내 앞머리보다 긴 꼬불꼬불한 수염과 똘망똘망한 눈을 가졌다. 사연 있어 보이는 사람은 누구든 말 걸어볼 가치가 충분하다.

"안녕, 너도 혼자 여행 왔니?"

흔해 빠진 인사로 시작된 대화는 그가 대학교 시간강사이며, 오직 두 다리로만 모든 걸 해결하는 리얼 배낭여행객임을 알려 주었다. 그는 여행할 때 비행기는 물론 웬만해선 차도 잘 타지 않으며, 그냥 걷는다고 한다. 다른 대륙은 어떻게 가는지 의문이 들었지만, 내 안의 그리스인을 부르기엔 충분했다. 다음날 짐을 싸 들고 게스트하우스를 박차고 나왔다.

타이베이는 너무 안전해서 탈이다. 웬만해선 모험이라는 게 존재하지 않는다. 서둘러 카우치 서핑 앱을 깔고 컨택을 한다. 타이베이에서도 적당한 호스트를 찾기가 쉽지 않았다. 이렇게 즉흥적으로 찾으면 더욱 어렵다. 대체로 바쁜 동아시아인 호스트들은 더욱 그렇다. 이런 상황에서 감사하게도 초등학교 선생님인 앤드류에게서 연락이 왔다. 토종 대만인이지만 영어 이름을 쓰는 친구라 그런지 쿨했다.

앤드류와 나는 관광명소를 가고, 야시장도 함께 갔다. 친절한 학교 선생님 앤드류와 아기자기하고 맛있는 음식이 즐비한 타이베이의 조합이다. 식도락 여행의 정석이지만 뭐랄까, 너무나도 안전했다. 모험 따위는 없는 이 담백한 나라에서 유일하게 호기심을 끈 것은 일본 냄새다. 타이베이 거리에는 일본의 향기가 짙게 배어 있었다. 일본 애니메이션이 그려진 대형 간판이 건물에 걸려있는 모습을 심심치 않게 볼 수 있었다. 일본 신사도 떡하니 자리를 차지하고 있다. 식민 통치를 받은 이력이 있다지만, 일본풍이 지나쳐 보였다.

이왕 며칠 머무를 거 중국어 연습도 할 겸 길거리 인터뷰에 나섰다. 대만인들은 외국인에게 대체로 호의적이다. 그들은 심지어 영어로 길을 물어봐도 곧잘 설명했다. 이런 그들에게 인터뷰쯤이야 누워서 유튜브 보는 격이라 생각했다.

"안녕하세요. 저는 한국에서 온 여행객이에요. 타이베이에는 일본 문화가 강하게 느껴지는데, 현지인 입장에서 왜 이런지 말씀해주실 수 있나요?"

이런 질문에도 대만인 커플, 대학생들은 순순히 인터뷰에 응해줬다. 하지만 "우리는 그냥 일본을 좋아해요." "일본 문화가 좋아요." 등 원초적인 대답만 돌아왔다. 과제도 아니고 논문도 아니기 때문에 어떤 대답이든 상관없었다. 그저 내 붙임성이 늘어남에 만족하는 와중에 타이중에서 정치학을 전공한 민룬을 만났다. 민룬은 앤드류가 소개시켜준 친구로, 공무원 준비생이라고 했다. 카우치 서핑에 흥미는 있지만, 경험이 없었던 그는 흔쾌히 나를 집으로 초대해주었다. 친구가 이미 겪어본 카우치 서퍼만큼 훌륭한 보험은 없는 법이니까.

민룬에게 대뜸 물었다.

"대만인은 왜 일본을 좋아할까?"

"대만에는 중국, 일본, 미국 문화가 다 섞여 있어. 대만은 특별하다고 할 수 있지. 우리는 중국 명절인 춘절, 추석, 단오제를 지내고 있고, 아직 일본 신사가 남아있어. 장제스가 대만으로 오고 난 후 신사를 중화민국 건설 기념용으로 바꿨거든. (…중략…) 일본에서 건너온 '나카시'라는 음악을 할아버지 할머니 세대는 아직도 좋아하기도 해. 젊은 세대는 어렸을 때부터 일본 애니를 많이 보는 편이야. 원피스, 나루토 등을 보면서 어느새 일본 문화를 좋아하는 거지. 일본 식민 지배 이후에도 줄서기 문화가 남아있고, 길거리도 나름 깔끔한 편이지. 미국에서는 민주화를 들여왔고. 미국이 대만 민주화 운동을 후원해 줬거든."

"정치적으로는?"

"중국은 우리의 적이야. 하지만 대만은 작은 섬나라지. 강대국들이랑 좋은 관계를 맺어야 하는 이유야. 그래서 정부가 친미 친일을 해. 미국과 일본이 지원군이 되는 거지. 가오슝의 바둑판식 거리도 일본의 디자인이고, 가오슝에 새로 개조한 기차는 일본의 잔재야. 철도도 일본이 건설했고."

왜 이렇게 속속들이 일본풍이 묻어나는지 어느 정도 해소되었다. 권위자의 인터뷰는 아니기 때문에, 그저 정치학을 전공한 20대 대만 청년의 생각이라고 보면 되겠다. 어쨌든 너무 안전한데다 자연보다 콘크리트가 만연한 곳은 내 취향이 아님이 확고해졌다.

짧고 안전했던 대만 여행을 마치고, 배낭여행자들의 보물창고, 인도네시아로 떠났다.

보물 같은 여행지
인도네시아

02

리얼 무슬림 샤리프

길거리에 닭들이 여유롭게 걸어 다닌다. 도로에는 오토바이가 무질서한 듯하면서도 사람들을 요리조리 잘 피해 다닌다. 자카르타의 첫인상은 산뜻했다.

카우치 서핑에서 수십 명의 호스트로부터 메시지를 받았다. 20대부터 40대까지 연령층도 다양했다. 지금까지 방문했던 나라들 중 가장 열렬히 환영받는 기분이었다. 이처럼 복에 겨운 상황에서 호스트를 고르는 건 순식간이었다.

'I would like to host you.'

이 한마디로 샤리프를 호스트로 선택했다. 여행자가 '선택했다'는 말을 하는 것도 웃기지만, 인도네시아에서는 가능한 일이었다. 장문의 자기소개를 보내준 사람들도 여럿이 있었는데, 그를 선택한 이유는 단순했다. 프로필 속 샤리프의 웃는 인상이 마음에 들었다. 사는 데 웃는 얼굴이 이렇게 많은 일을 좌지우지한다. 레퍼런스도 한몫했다. 선택지가 넓어지니 레퍼런스가 5개 미만인 사람보다는 다다익선을 따졌다. 우리는 왓츠앱으로 번호를 교환하고, 자카르타의 작은 구멍가게 앞에서 만났다.

"Hi, Glad to meet you."

큰 눈, 까무잡잡한 피부, 짧은 머리, 웃으면 커지는 입. 프로필 사진과 완벽히 일치하는 실물이다.

우리는 자연스럽게 악수를 했다. 역시 레퍼런스가 많은 그는 처음 보는 외국인을 대하는 데 서슴지 않았다. 목이 살짝 늘어난 하늘색 반팔에 슬리퍼를 신은 샤리프는 만 22세의 나이지만, 고등학교 1학년이라고 해도 믿을 만큼 어려 보였다. 샤리프의 집으로 가는 길은 부산 감천문화마을 골목길을 연상케 했다. 꼬불꼬불한 길을 따라가다가 서둘러 동영상 촬영을 했다. 영상이 없었으면 혼자 나갈 때 길을 잃을 것 같았다.

샤리프네 집 마당에는 회색 고양이가 웅크려 앉아있었다. 히잡을 쓴 샤리프의 어머니는 애플망고를 내주셨다. 어머니는 내가 대학생인지, 형제자매는 어떻게 되는지, 부모님은 건강하신지, 집이 불편할 수 있는데 괜찮은지 등을 물으셨다. (어머니와는 간단한 인사도 모두 샤리프의 통역이 필요했다.) 드라마 「응답하라 1994」의 삼천포 시골집에 방문한 듯한 따뜻함과 안도감이 느껴졌다.

치안이 썩 좋지 않은 자카르타이기에, 외국인들이 묵을 곳은 도시 중심지의 호텔 외에 별다른 선택지가 없다. 카우치 서핑을 하지 않았으면 절대 경험할 수 없었을 풍경이었다.

하루 종일 같이 붙어있길 원하는 카우치 서퍼도 있다고 한다. 굉장히 피곤한 스타일로, 여행지에서 오히려 구속되는 케이스이다. 우리는 함께 여행도 하고, 서로의 시간도 가졌다. 덕분에 저녁에는 자소서를 쓸 수 있었다. 샤리프는 하고 싶은 말들을 웬만해선 다 영어로 표현할 줄 안다. 최적의 오픽 연습 상대다. 덕분에 온갖 이야기가 오갔다.

"나는 기독교인이든 불교든 힌두교든 그들을 다 존중해. 각자의 신을 믿고 행복하게 살면 되는 거지."

이 친구는 리얼 무슬림이다. 다른 이들의 종교를 인정할 줄도 안다. 종교인들의 깊이는 가늠할 수 없지만, 적어도 며칠간 옆에서 지켜본 샤리프는 매우 성실했다. 너무나 성실한 나머지 잠귀가 밝은 나는 새벽 4시 반마다 깼다. 그는 꼭두새벽에 일어나 양탄자 위에서 기도를 했다.

"몇 살 때부터 이렇게 산 거야?"

기도가 끝난 후 내가 물었다. 기도는 5분이 채 안 되었기 때문에, 웹툰 몇 편 보면 끝나 있었다.

"일곱 살 때부터 이렇게 했어."

"밤 10시에 자도 피곤하겠는데?"

"대신 한 시간 정도는 낮잠을 자. 적응돼서 괜찮아."

미라클 모닝도 이렇게 혹독하게는 안 한다. 초등학생 시절 딱 한 번 절 캠프를 간 적이 있는데, 그때 새벽 4시쯤 일어나보는 특이한 경험을 했다. 나는 스님 체질은 아니었다.

가만 보면 종교인들이 지켜야 할 점들은 결이 비슷하다.

첫째, 기도를 한다.

둘째, 순결을 지킨다.

실제로 지키는 사람이 얼마나 될지는 모르지만, 이 친구는 지키고 있다고 말했고, 그런 것 같았다. 굳이 처음 만난 외국인 남자한테 거짓말을 할 필요는 없으니까. 더구나 그의 아우라가 말해준다. '나는 순수하다'를 이마에 붙이고 있달까.

"넌 섹스가 궁금하지 않니?"

만난 지 며칠 안 됐지만, 이 정도 질문은 가능할 만큼 우리는 친해졌다.

"궁금하지. 하지만 결혼 전엔 하면 안 되고, 에이즈도 무서워."

"이거 질문해도 돼? 너 포르노는 혹시 본 적 있니?"

나름 조심스럽게 질문했다.

"일본 포르노가 좋더라."

역시 그는 남자였다.

CNN에서 제작한 다큐멘터리 「크리스티안 아만푸어 : sex and love around the world」의 레바논 베이루트 편을 보면 이런 대사가 나온다.

"아랍권에서 아랍어로 가장 많이 검색하는 게 섹스에요. 다들 그걸 검색해 보고 다들 '유폰'에서 성인 영화를 보려고 하고, 아주 푹 빠져 있어요. 그게 터부이기 때문이죠."

하지 말라고 하면 더 하고 싶은 게 인간 심리인 법이다. 그런데 그는 자제하는 삶을 살고 있다. 기도와 금욕의 삶을 사는 그가 갑자기 대단해 보였다. 거짓말이라 해도 그것대로 대단하다. 지독한 콘셉트를 유지하는 것도 보통 일이 아니니까.

술은 당연히 입에 대지도 않는다. 삶의 어려운 점은 알라에게 조언을 받고, 시련이 닥치는 것은 신이 자신을 시험에 들게 하는 거라고 한다. 너무 정신승리가 아닌가 하는 생각도 들었는데, 이 친구는 자기 삶이 행복하다고 자신 있게 말한다.

샤리프의 전공은 해양과학이다. 전공을 살려서 일하는 게 꿈이라고 한다. 놀라운 점은 이 꿈마저 알라가 정해줬다는 것이다(일종의 계시를 받았다는 말로 이해했다). 중요한 결정을 해야 할 때는 꿈에서 알라가 어떤 형식으로든 답을 준다고 한다. 하지만 그 답은 최선일 뿐이지 꼭 따르지 않아도 된다고 한다.

입버릇처럼 하는 혼잣말이 있다. "인간은 다양하니까." 이 마법 같은 말은 온갖 특이한 행동, 사상을 가진 사람을 봐도 '뭐 그럴 수도 있지' 하고 넘어갈 원동력이 된다. 샤리프의 말을 듣고 '인간은 참말로 다양하구나'라는 말이 절로 나왔다. 이렇게 사는 사람도 있다. 듣도 보도 못했지만, 신기할 따름이다. 의지할 대상은 큰 힘이 된다는 점은 인정한다. 어쨌든 너무나도 낯설고 귀한 이야기를 들었음에 만족한다.

현지인 친구가 있으면 여행이 매우 풍부해진다. 샤리프 덕분에 혼자였으면 식당이었는지도 몰랐을 허름한 포장마차 같은 곳에서 인생 나시고랭을 먹을 수 있었고, 지도도 없이 오토바이 택시를 탔다. 때때로 내가 늦잠을 자면(사실 그가 새벽에 일어날 뿐이다) 시장에서 나시고랭과 과일을 사서 아침을 차려줬다. 그는 신호등 없는 횡단보도에서 살아남는 법을 가르쳐 주기도 했고, 유적지를 좋아하는 나를 위해 가이드를 자처하며 짧게라도 그곳의 역사를 알려주었다.

샤리프의 집은 보일러가 따로 없어 보였다. 나도 여름에는 차가운 물로 샤워를 하는 편이지만, 이 집 물은 차디찬 냉수였다. 그는 내가 샤워하기 전에 물을 끓여서 따뜻한 물을 준비해 줬다. 이 방식으로 모두가 따뜻한 샤워를 하는 줄만 알았는데, 나중에 알고 보니 끓일 수 있는 물은 한정적이었다. 그 소중한 물을 내게 나눠준 것이다. 너무 미안하고 고마웠다.

25평 정도 되어 보이는 집에는 형제가 셋이나 있었다. 그들도 불평불만 하지 않고 나를 반겨줬다. 이런 따뜻한 집에도 암묵적인 룰이 보였다. '부엌만큼은 들어가면 안 된다'였다. 물론 모델하우스 구경 온 사람이 아니기에 모든 방을 일일이 탐색하고 다니진 않았다. 부엌은 만국 공통으로 따로 문이 없다. 그런데 이 집은 부엌 입구를 천으로 막아 놔서 커튼을 제치듯 열고 들어가게 만들어 놓았다. 뭔가 숨기고 있는 건가. 아니면 무슬림만의 특별한 무언가가 있나 하는 경계심마저 살짝 들었다. 하도 궁금해서 마지막 날 물었다.

"인도네시아에서는 부엌에 원래 이렇게 커튼을 치는 거야?"

"이건 민망해서 말을 안 했는데, 궁금해하니까 보여줄게."

살짝 귀가 빨개진 채 말했다.

베일에 싸였던 부엌은 한눈에 봐도 어수선하다. 자세히 보니 천장이 살짝 내려앉았다. 엄밀히 말하면 무너졌다.

"공사 중인 거야?"

"얼마 전에 비가 많이 와서 조금 무너져내렸어. 보여주기 부끄러워서 커튼으로 부엌을 가린 거야."

집이 무너져 내린 와중에도 처음 보는 외국인을 며칠간 재워줬다. 내가 사준 밥과 선물로는 고마움 표시가 너무도 부족했다. 마음씨 착한 이 친구와는 수년이 지난 지금도 꾸준히 영상통화로 안부를 주고받고 있다.

무슬림 친구가 결혼 전 키스도 안하는 이유

학교 친구 쉐리, 신디, 신디아

내 장점 중 하나는 인연을 놓치지 않는다는 점이다. 겨울방학 여행 시작 전, 중국 어학원에서 잠깐 같은 반이었던 인도네시아인 쉐리에게 DM을 보냈다.

'If I go to Indonesia, can we meet?'

'Yes, of course! Sure we should meet up.'

그녀는 흔쾌히 만나자고 했고 여동생 신디, 친구 신디아까지 불러줬다. 모두 어학원에서 지나가다가 한 번씩 마주친 얼굴들이었다. 피부가 하얀 편이라 언뜻 보면 한국인과 별반 다를 게 없는 그들은 차이니즈 인도네시아인으로 화교라 불린다. 인도네시아 화교의 인구는 약 700만 명으로 인구의 3~4%를 차지한다. 이 극소수의 사람들이 인도네시아 경제의 80%를 장악하고 있다.

박물관에서 만난 우리는 식당과 카페를 전전하며 수많은 이야기를 했다. 그들은 영어가 정말 유창했으며, 중국에서 대학까지 졸업했기 때문에 중국어도 잘했다. 만나기 쉽지 않은 화교이기에 엄청난 질문을 퍼부었다.

"인도네시아에서는 화교들이 경제권을 거의 쥐고 있다는데, 어느 정도 수준이야?"

"우리는 기차나 버스 같은 대중교통을 22년 동안 타본 적이 없어. 항상 그랩(택시)을 타거든. 그랩도 중국 버스처럼 엄청 싸."

실제로 인도네시아에서는 한국 지하철값으로 택시를 탈 수 있었다.

"여기서는 잘 사는 것처럼 보이지만 상대적이야. 우리는 중국 유학 시절이 정말 재밌긴 했지만, 그때 물가가 비싸다고 느껴졌거든. 그런데 한국인 입장에서는 중국 물가가 훨씬 싸지 않았어?"

쉐리가 되물었다.

"그랬지. 중국에서는 생활비가 얼마 안 나갔던 것 같아."

"인도네시아는 임금도 낮아. 아까 내가 말했던 한국인 강사도 월급이 한화 90만 원 정도일 걸?(쉐리는 한국인 강사가 인도네시아에서 인기 많다고 줄곧 나를 꼬드겼다.)"

"90만 원? 한국에서 편의점 알바만 열심히 해도 170만 원 정도는 버는데…. 차이가 많이 나는구나."

"알바비가 170만 원 정도면 나도 한국에서 취업하고 싶다…."

평생 대중교통 한번 안타고 택시만 탔을 정도면 잘 사는 편이라고 볼 수 있지만, 부의 기준은 상대적이었다.

"다른 이야기해보자. 인도네시아는 대부분이 무슬림인데, 너희는 아니잖아. 혹시 종교가 있어?"

"응. 우리는 가톨릭이야. 근데 그거 알아? 인도네시아 민증에는 종교를 표시해야 해. 6가지 종교를 선택지로 주는데, 그중 한 개는 반드시 적어야 해."

인도네시아는 87% 정도가 무슬림이지만, 국교가 없고 신앙의 자유가 보장된다. 그런데 신분증에는 종교를 반드시 표시해야 한다니 놀라울 따름이다.

"그럼 무교는 어떻게 해?"

"무교는 유교(우리가 아는 공자왈 맹자왈)를 선택할 수 있어. 그런데 보통 종교가 있지."

나는 인도네시아에서는 유교남이었다. 귀한 이야기를 들었다. 낯선 사람에게 종교 이야기는 실례이기 때문에 현지인 친구가 아니면 꺼내기 어려운 주제였다. 재미있는 이야기가 끊이지 않고 나왔고, 유튜브 각을 놓치고 싶지 않아 삼각대를 설치해서 영상 촬영까지 감행했다. 덕분에 인도네시아 연애, 종교 이야기를 찍으며 몇만 조회수를 달성했다.

목이 쉴 정도로 열심히 수다를 떨고 언젠간 다시 만나자는 말과 함께 작별 인사를 했다. '언젠가 다시'는 뻔한 말이 아니다. 의지만 있으면 10

년 전에 만났던 지구 반대편 외국인 친구도 만날 수 있기에 슬프지 않다.

"조심히 가. 자카르타는 엄청 위험한 도시인 거 알지?"

"응? 오토바이 말고 위험한 거 하나도 모르겠던데."

"밤길에 잘못하면 칼 맞아 죽기도 해. 진짜야."

치안이 안 좋다는 건 알았지만, 칼 맞아 죽기도 하는 동네인 줄은 몰랐다. 샤리프 덕분에 위험하다는 사실을 잊고 지냈다.

인도네시아인들은 강제로 종교를 가져야만 한다(?)

히잡 쓴 낯선 여성

화교 친구들과 헤어지니 밤 8시에 혼자 샤리프네 집으로 가는 미션이 생겼다. 그랩이 아닌 버스를 탔다. 혼자 버스를 타본 적 없다는 이유였다. 한참 뒤에야 반대 방향으로 탔다는 걸 알게 되었다. 크게 당황하지는 않는다. 길치에겐 자연스러운 일이다.

"Hello, Excuse me, sir."

기사님이 영어 대신 손짓으로 뭐라고 하신다. 큰일 났음을 감지했다. 서둘러 앞자리 히잡 쓴 여성에게 말을 걸었다.

"00로 가려면 어떤 버스로 갈아타면 되나요?"

그녀는 침착하게 기사님과 옆 승객들에게 뭐라뭐라 말을 걸더니 차를 도롯가에 세우게 하였다. 그리고는 일말의 망설임 없이 같이 버스에서 내리더니 버스비까지 내주려는 액션을 취한다.

"안 내줘도 돼요. 진짜 아임 오케이!!"

손사래를 치며 거절하는데도 기어코 버스 기사에게 몇 루피를 건넨다. 그리곤 버스를 떠나보냈다. 어디서 갈아타면 되는지, 버스 번호만 알려주면 끝인데, 오히려 본인이 손사래를 치며 내 목적지를 검색할 뿐이다.

"방금 그랩을 불렀어요. 그거 타고 집에 가시면 돼요."

"네??"

이름도 국적도 묻지 않고 이 모든 일을 해준 이분의 이름은 '피르가'이다. 학생인 줄 알았는데, 직장인이라고 한다. 우리는 택시를 기다리며 각자의 나라에서 살아가는 이야기를 나누었고, 덤으로 셀카까지 찍었다.

얼마 후 택시가 왔다. 먼저 오토바이 택시 아저씨에게 그랩 어플을 보여 달라고 했다. 그의 휴대폰엔 샤리프네 집이 목적지로 떴다(카카오 택시와 유사한 시스템이다). 보험으로 샤리프에게 기사님 오토바이 번호와 폰 번호, 이름 등 그랩에 뜨는 정보를 다 보냈다. 한술 더 떠 오토바이 뒷자리에 앉아서 도착하는 내내 샤리프와 통화 연결을 유지했다. '전화 연결이 끊기면 경찰에 신고해', 라는 말을 남긴 채. 마음은 피르가를 믿지만, 일 잘하는 손은 여전히 해야 할 절차를 밟았다.

이상하게 해외만 나오면 안면부지의 사람들이 도와준다. 귀국하면 나도 반드시 먼저 나서서 외국인들을 도와줘야겠다는 다짐을 했다. 물론 이러다 골로 갈 수도 있다. '적절하고 현명한 사리판단…'은 무슨… 운이 제일 중요하다.

족자카르타의 인싸 고랏

샤리프와 작별 인사를 나누고 족자카르타로 향했다(편의상 족자라고 부르겠다). 족자는 주로 학생들이 거주하는 곳이기 때문에, 안전하고 물가도 싸며 평화로운 곳이라고 한다. 거기다 자카르타처럼 덥지도 않아서 여행하기는 더 좋다.

족자에서는 자카르타와 달리 카우치 서핑에서 메시지가 별로 오지 않았다. 답장조차 띄엄띄엄 왔다. 그러던 와중 재미있어 보이는 친구에게 메시지가 왔다.

'Hi man… Do you need a host?'

남고 출신들은 본능적으로 안다. 재미있고 웃긴 남자 사람의 관상을.

그는 체육시간에 인기 많을 상(狀)을 가진 친구로 이제 갓 스물한 살이었다. 무엇보다 스무 개가 넘는 레퍼런스들은 모두 그의 유머러스함에 대해 논했다. 그것도 대부분 장문으로. 그 무엇보다 특별한 점은, 그는 무슬림 국가에 사는 '독실한 크리스천'이기 때문이다. 친구, 선생님, 직장 상사, 지나가는 아저씨, 요양원의 할머니도 무슬림인 국가에서 예수를 믿는다는 말이다. 인도네시아의 크리스천 대다수는 화교나 지방 섬들의 원주민이다. 족자카르타라는 대도시에 사는 크리스천은 귀하다(전체 기독교인 비율은 10%로 생각보다 매우 적지는 않지만).

스쿠터를 타고 온 고랏은 건장함이 넘친다. 흡사 영화 「남한산성」에 나오는 청나라 장수 용골대 같았다.

"Hi man."

"Hey."

"Hi!"

"Where are u going?"

한 블록을 지나갈 때마다 학생들이 고랏에게 인사를 했다. 거의 시의원 출마를 준비하는 20대 청년이라고 해도 믿을 만한 인싸력이다. 인싸 고랏과 나는 학교 기숙사처럼 보이는 곳에 들어갔다. 기숙사인지 학생들이 사는 저렴한 건물인지는 가물가물하다. 그의 방에서 짐 풀 겨를도 없이 두 명의 여사친인 글로리아와 그레이스가 들어왔다(이름만 들으면 백인 같지만, 영어이름 쓰는 현지인이다).

유유상종. 인싸는 인싸끼리 만난다.

"안녕 난 글로리아야. 코미디언이자 조커(Joker)야."

본인을 코미디언이라고 소개하는 글로리아는 바로 입을 털었다.

"나는 한국에 남자친구가 있어. 전역한 지 얼마 안 됐어."

"누구야?"

"응. 이민호. 푸헬헬헬 하하."

웃음소리부터 놀 줄 아는 애다. 인도네시아 친구들도 우리처럼 드립치며 놀았다.

"그런데 그거 알아? 내 남편은 슈퍼주니어 최시원이야."

"오, 일처다부제! 축하한다, 글로리아. 다음에 사인 좀 대신 받아줘."

"그러지 뭐. 푸헬헬 하하하하."

그러다가 노래도 불러준다. 학교에서 비공식 가수처럼 활동도 하는 모양인데 잘한다. 이 친구들과의 이박삼일이 정말 기대되었다.

인도네시아 크리스천의 고백

싱글 침대 정도의 크기면 2m 제곱으로 약 0.6평이다. 고랏네 기숙사 화장실 겸 샤워실은 대략 0.4평 정도로 보였다. 그것마저 공용이다. 화변기(오래된 공용화장실 끝자락 칸에 있는 변기)에 수도꼭지 하나가 끝이다. 샤워하다 잘못하면 변기 물에 발이 빠지는 대참사가 일어날 수도 있다는 말이다. 샤워기가 없어 바가지에 물을 받아 샤워해야 한다. 다리를 앞으로 쭉 펼 수도 없다. 군인 시절 컨테이너 내무반에서 몇 개월 지냈는데, 그 시절 화장실보다 열 배는 열악하다. 방 자체는 별문제가 없다. 벽지 없이 시멘트가 벗겨졌든, 침대가 없든, 에어컨이 없든 노 프라블럼이다. 이게 정말 로컬 인도네시아 학생의 집인가 싶었다. 고랏의 짧은 머리가 이해 가는 대목이다. 이런 환경 속에서도 항상 웃고 다니는 그는 타고난 긍정맨이거나 일류다.

"너는 꿈이 뭐야?"

진부한 질문이지만 묻고 싶었다.

"난 리치맨이 꿈이야! 나는 가족들을 부양해야 하거든. 그래서 돈을 많이 벌어야 해."

고랏은 다섯 형제가 있다. 위로 누나와 형이 있는데, 둘 다 대학을 가지 않았다. 부모님은 고랏에게만 학비를 투자했다고 한다. 그 빚을 갚기 위해서 돈을 많이 벌어야 한다고 말한다. 분위기가 숙연해지기 전에 화제를 바꿨다.

"너는 어떻게 크리스천이 됐어?"

"우리 가족 모두가 크리스천이야. 모태신앙이지. 내 친구 중에도 크리스천이 많아."

고랏의 베프는 무슬림이다. 종교로 친구를 나누지는 않아 보인다. 고랏과 점심식사를 하면서 샤리프 이야기를 꺼냈다.

"자카르타에서 만난 친구는 무슬림인데, 매일 새벽에 기도하고 혼전순결까지 지킨다더라고."

"나도 매일 기도하고 있고, 혼전순결도 지키고 있어."

"뭐?"

"인도네시아 지역 자체가 그런 경향이 있어. 그리고 크리스천은 원래 혼전순결을 지켜야 해."

"너는 만 21살인데 욕구를 어떻게 참았니?"

"나도 당연히 궁금해. 하지만 무서워."

"뭐가 무서워?"

"왜냐하면 나는 여동생이 있거든. 여동생에게 피해가 갈까 봐 두려워. 우리는 그걸 카르마라고 불러."

카르마는 '업보'라는 불교 용어이다. 불교와 힌두교가 오래전부터 자리 잡은 인도네시아는 알게 모르게 생활 속에 불교 용어가 자리 잡았나 보다.

"사실 예전 여자친구 중에 한 명은 섹스를 엄청 궁금해하는 친구가 있었거든. 한 번만 해보자고 계속 졸랐는데, 나는 끝까지 거절했어. 결혼 전에는 하면 안 되는 일이고, 카르마를 만들고 싶지 않아서."

세상에 이렇게 순진무구한 마음을 가진 청년이 있다니. 놀라울 따름이다.

"너는 리얼 크리스천이구나. 인도네시아는 '리얼'이 참 많네."

"그렇지. 대신에 우리는 일본 포르노를 봐."

포르노로 일본을 접한 그는, 일본에서는 프리섹스가 가능하다고 오해하고 있었다. 그에게 일본의 이미지는 성진국을 넘어 프리섹스 국가로 낙인찍혀 있었다.

"그거 알아? 한국에서는 포르노 촬영이 금지야. 한국과 일본은 너무나도 다른 곳이지."

묻지도 않았는데 내가 말했다.

샤리프와 고랏의 공통점은 안타깝게도 역사에 대해서 크게 관심이 없다는 점이다. 초등학교, 중학교까지만 역사를 배우고 그 이후로는 배우지 않는다고 한다. 인도네시아는 일본과 네덜란드에게 식민 지배를 당했다. 거기다 일본은 인도네시아에도 위안부를 만드는 만행을 저질렀다. 그런데도 일본에 대한 반감은 전혀 없다. 샤리프는 "우리나라는 힘이 없기 때문에, 그 사건에 대해 왈가왈부할 수 없다"고 말했다. 서글픈 현실이다.

인도네시아에서 한국인은 연예인?

시리아, 팔레스타인 도망자를 만나다

족자카르타에서 발리까지는 한 번에 갈 수도 있다. 하지만 모험을 좋아하는 여행자라면 브로모 화산과 이젠산을 놓쳐서는 안 된다. 혼자 여행을 좋아하지만, 이젠산과 블루파이어는 하루에 7시간 이상 차를 타고 이동해야 하기 때문에 결국 화산투어를 신청했다.

투어에서 시리아인 '아브렐라'와 팔레스타인 '무네'를 만났다. 태어나서 처음 만나는 시리아인과 팔레스타인 사람이다. 이 두 사람은 서로 친구다. 최소 삼십 대 후반으로 보이는 이들은 세계여행 중이었다.

시리아와 팔레스타인. 부연 설명이 없어도 중압감이 느껴지는 나라다. 2011년부터 내전 중인 시리아와 19세기 말 유대인들의 시온주의 운동을 시발점으로 지금까지 이스라엘과 분쟁 중인 팔레스타인이라니.

"너는 어디에서 왔어?"

일 년 반 동안 여행 중인 아브렐라는 쾌활한 데다 영어도 굉장히 유창했다.

"한국에서 왔어."

"북한이니? 남한이니?"

"당연히 남한이지."

매번 듣는 공식 질문이다.

"너는 직업이 뭐야?"

대학생 신분에 나이까지 말하면 '쟨 뭘 했길래 아직 대학생이지?' 하는 눈빛으로 쳐다본다. 만 25세인데 석박사가 아닌 '학사 재학 중'인 경우는 일반적인 국가에서는 굉장히 드물기 때문이다.

"아직 대학생이야. 21개월 동안 군인이었고, 휴학도 했거든."

"나도 군대 가야 하는데, 안 가고 도망쳤어."

이게 무슨 말인가 싶다. 일단 흥미로운 이야기임은 틀림없기에 눈이 초롱초롱해졌다.

"시리아는 전쟁 중이야. 사람을 죽이기 싫고 죽기도 싫어서 안 가고 도망쳤어."

"아니, 그럼 너희는 도망가면 감옥 안 가?"

"감옥 가지. 나는 귀국하면 감옥에 가야 해."

왓더… 차라리 감옥이 낫다는 아브렐라. 더 물어보고 싶었는데, 실례인 것 같아서 입을 닫았다.

"그런데 어떻게 일 년 반이나 여행을 할 수 있어?"

"응? 어떻게냐니?"

너무 이상한 질문을 한 듯이 쳐다보는 둘이었다.

"왜냐면 한국에서는 일을 그만두지 않는 이상 장기여행은 불가능하거든."

"아, 내 회사는 두바이에 있고, 온라인으로 일을 하기 때문에 가능해. 물건을 팔거든. 온라인 마케팅 같은 개념이야."

무네가 대답했다.

"뭐야 그럼 네가 말로만 듣던 디지털 노마드야?"

"응 그런 셈이지."

진짜 너무 부럽다. 감옥에 가야 하는 것만 빼고. 세상엔 참 다양한 사람들이 산다지만, 감옥 수감 예정자는 처음 만나봤다. 그러나 그와 함께하는 2박 3일 내내 우울한 기색이나 힘들어하는 모습은 보이지 않았다. 분위기 메이커에 사람들 말을 경청해주는 아브레라와 무네. 그들의 안녕을 빈다.

방독면과 유황 90kg

화산투어를 신청하려면 굳센 마음가짐이 필요하다. 하루 종일 이동하고 새벽부터 움직여야 하는 일이 다반사이기 때문이다. 브로모 화산까지는 그래도 괜찮다. 새벽 기상만 해낼 수 있다면 화산 분화구 바로 옆을 걸어 볼 수 있는 엄청난 경험을 할 수 있다. 다만 유황가스로 뒤덮인 이젠산을 가려면 몸이 따라줘야 한다. 이젠산에서는 자그마치 방독면을 쓰고 등산해야 하기 때문이다.

우리는 꼭두새벽부터 일어나 이젠산에 도착했다. 어두컴컴한 이곳에선 손전등으로 땅을 비춰야 간신히 걸을 수 있다. 초중반쯤 되면 유황가스가 나오기 때문에 방독면을 써야 한다. 군대 부조리의 끝판왕인 '방독면 쓰고 완전군장 하기'를 본인 의지로 심야에 돈까지 내며 한 셈이다. 정상적인 호흡과 심혈관 건강을 지키기 위해서는 방독면이 필수다. 해발고도 2,700m를 뚫고 올라가는 과정은 다채롭다. 힘듦, 숙연함, 놀라움을 다 느낄 수 있기 때문이다.

초입부터 소설가 현진건의 『운수 좋은 날』에 나오는 인력거꾼 김첨지들이 등장한다. 그들은 빈 손수레를 끌며 "택시", "택시"를 외친다. 김첨지들은 보통 2인 1조로 손님을 앞에서 끌고, 수레 뒤에서 밀며 묵묵히 올라간다. 그것도 가파른 산길에서 말이다. 간간이 수레 택시를 이용하는 사람들이 보이는데, 하필이면 승객 대부분은 거구다. 100kg은 족히 되어 보이는 백인 아저씨를 태우고 앞에서 끌고 뒤에서 미는 그들을 보면 마음이 쓰리다. 어느 블로그에서는 그렇게 정상까지 올라가기도 한다고 말한다. 1920년대 김첨지보다 21세기 인도네시아 수레 택시꾼들에게 더 마음이 쓰였다.

중반부부터는 유황을 캐는 인부들과 마주하게 된다. 그들에게 방독면 따위는 사치인지 맨얼굴에 무심하게 지게만 지고 다닌다. 온갖 크고 작은 바위를 뚫고 가야 하는 코스임에도 등산화는커녕 신발이 튼튼해 보이지도 않는다. 무거운 유황을 지는 방법도 위태위태하다. 그들은 장대 양 끝에 바구니를 매달고 유황을 가득 채운 채 한쪽 어깨로 지고 다닌다. 유황의 무게는 75~90kg 정도라고 한다. 구글링을 해보면 인도네시아 유황 인부들의 수명은 45-50세로 나온다. 이렇게 쌔빠지게 일하고 받는 일당은 150,000루피아로 10달러다. 그 어떤 고된 삶의 현장보다 임팩트가 컸다.

활화산 옆을 걸어 다니고 방독면을 쓰고 야간 등반을 하는 진귀한 경험을 하려면 브로모, 이젠 화산 투어가 제격이다. 이질적이며 아름다운

풍경은 기본이고 운 좋으면 블루파이어도 볼 수 있다. 살면서 오만해질 때마다 새벽부터 유황을 캐는 인부 아저씨들과 수레 택시를 끄는 김첨지들을 떠올리며 겸손을 충전할 수 있는 추억은 덤이다.

인도네시아 브로모화산 투어 꿀팁

발리에서 만난 영어 도른자

깨끗하고 아름다운 바다, 서핑하는 사람들, 평화로운 분위기까지, 발리는 확실히 신혼여행지이자 휴양지로서는 최고가 맞다. 내 스타일이 아닐 뿐. 편하게 있으려니 좀이 쑤셨다. 이곳은 여행자들의 분위기부터 다르다. 서양인들이 유독 눈에 띄는데 다들 쿨해보인다. 그들은 '뽕 뽑을 거야' 같은 마인드로 작정하고 뭔가를 시도하지 않는다. 레스토랑에서 천천히 식사를 하고, 다 같이 어울려 서핑을 한다. 커플끼리 손잡고 해변을 걷거나 태닝을 하기도 한다. Chill한 분위기가 이런 거구나 싶다. 나처럼 예쁜 옷 하나 없이 무거운 백팩 두 개를 앞뒤로 혼자 메고 온 사람은 없다.

발리의 물가는 의외로 견딜 만했다. 본 적도 없는 드라마 「발리에서 생긴 일」 이라던지 하도 많이 '꿈의 휴양지' 소리를 들어서 하와이급 값비싼 여행지로 착각했다.

놀랍게도 여기도 만 원대 호스텔이 있고, 로컬식당에서는 한 끼에 7,8천 원이면 충분했다. 3,500원짜리 카레도 맛있다. 고급식당은 세금만

15-20% 정도 붙어서 꽤 비싸다는데, 안 가봐서 모르겠다.

몇만 원이면 서핑 강습까지 가능한 이곳에서 살짝 몸살이 났다. 내 몸도 릴랙스 해야 할 때가 왔다. 서핑 같은 새로운 걸 시도할 힘은 없지만 입은 멀쩡했다. 입이라도 털어야겠다는 마음에 카우치 서핑 앱을 켠다. 휴양지이다 보니 호스트를 찾기가 쉽지 않았는데, 적절한 타이밍에 연락이 왔다.

'안녕하세요.'

한국어로 메시지 첫 운을 뗀 이 친구 이름은 '베이'다. 영어를 가르치기 때문에 의사소통에 문제없을 거라고 말한다. 그는 한국어도 조금씩 배우는 중이라고 한다. 거의 20개에 육박하는 레퍼런스도 나쁘지 않다. 검은색 뿔테 안경에 깡마른 체구를 가진 베이는 중저음의 듣기 좋은 목소리를 가졌다. 20대 후반의 나이로, 오랜만에 만난 형이다. 이럴 땐 반말로 하는 영어가 빛을 발한다. 베이의 집은 지금까지 머물렀던 인도네시아 호스트 집 중에서 가장 깔끔했다. 에어컨이 없고 아주 작은 선풍기 하나밖에 없지만, 그래도 좋았다. 침대 매트리스와 좌변기가 있다는 것만으로 행복한 수준에 이르렀다.

베이는 지금까지 만난 수많은 똑똑한 친구들 중에서도 특별했다. 그는 미드를 보며 영어를 공부해서 영어선생님이 되었다.

"나는 영어에 미친 사람이야. 깨어 있는 내내 영어로 생각하고 꿈도 영어로 꿔."

"말로만 듣던 미드 독학으로 영어를 마스터한 사람이 진짜 있구나."

"난 정말 하루 종일 미드를 보고 쉐도잉 했어. 처음에는 자막을 보다가 나중엔 자막 없이 봤어. 진짜 밥 먹고 똥 쌀 때 말고는 계속 연습했어.

완전히 내 것이 될 때까지. 카우치 서핑으로 외국인들을 많이 만나면서 실전 연습도 했지. 발리는 외국인 천지니까."

한국의 어느 영어교육사이트의 창업자 성공 신화와 매우 흡사하다. 솔직히 어느 정도의 노력을 기울였는지 상상이 안 간다. 나는 그래본 적이 없으니까.

"가장 중요한 점은 연습이야. 영어를 좋아해야 하고."

동기부여가 제대로 된다. 겨울방학 여행 콘셉트가 외국어를 많이 쓰고 내년 미국 인턴을 준비하는 것인데, 임자를 만났다.

"영어 수업은 학원에서 하는 거야?"

"아니. 나는 온라인 전화영어로 수업해. 학생들은 인도네시아, 러시아, 베트남, 일본, 태국, 벨라루스 등 다양하게 있어. 일주일에 5번씩 전화하는 학생도 있고 2주에 한 번씩 하는 학생도 있지."

돈벌이가 꽤 쏠쏠하다며 웃는 모습이 여유로워 보인다. 학생들의 국적이 다르기 때문에 시차도 다르다. 그가 낮에 수업을 할 때면, 나는 자유롭게 혼자서 밖으로 쏘다녔다. 저녁에 수업이 있는 날이면, 옆에서 참관을 하기도 했다. 얼굴만 안 보면 정말 원어민 그 자체다. 꿀렁꿀렁한 발음이 매우 아메리칸스럽다.

해외여행 한번 간 적이 없는 순수 국내파도(?) 해냈다. 마음만 먹으면 못 할 건 없다.

인도네시아어는 영어랑 어순이 같다. 한국인보다 쉽게 영어를 배울수 있지만, 대부분의 인도네시아인은 영어를 잘하지 못한다. 샤리프와 고랏도 특별히 잘하는 축에 속한다. 애초에 카우치 서핑은 영어로 이루어진 사이트이기 때문에 유저들은 웬만하면 기본적인 영어가 가능했다.

"너는 나중에 뭘 하고 싶어?"

"나도 너처럼 세계여행을 하고 싶더라."

"너 영어도 완벽하고 솔직히 디지털 노마드잖아? 일하면서 여행해도 충분할 것 같은데. 게스트하우스에서 만난 여행자 중에 그렇게 하는 사람들 꽤 봤어."

"나도 그런 기회가 오면 좋겠네."

갚아야 할 빚이 있거나 내가 먹여 살리지 않으면 당장 빈곤해지는 부양가족이 있으면 힘들다. 직장 때려치우고 몇 년간 일하는 여행도 현실적으로 어렵다. 특별한 계기가 있거나 천성이 이상주의자가 아니면 오히려 비추다. 다만 미혼이거나, 열심히 돈을 모아둔 학생이거나, 디지털 노마드라면 중장기 여행쯤은 못할 것도 없다.

'돈만 많으면 세계여행하지'. 과연 돈이 많이 생긴다고 해서 세계여행을 할 수 있을까? 잘 모르겠다. 아마 기를 쓰고 강남에 아파트 하나 더 분양받으려고 바쁘지 않을까. 돈이 돈을 낳는다고, 부동산이든 주식이든 돈 굴린다고 온갖 정신이 팔리는 게 사람이다. 열심히 일하다가 간간이 해외여행을 하면서 즐기는 정도이지 않을까.

기회는 발품 팔아 만들어야 실현이 되지 먼저 찾아오지는 않는 것 같다. 나도 그렇게 살고 싶다.

동남아의 뉴욕
말레이시아

03

여행자 350명을 재워준 친구

「정글은 언제나 맑음 뒤 흐림」이라는 애니메이션이 있다. 90년대 생들은 투니버스에서 방황하다가 몇 번 스쳐봤을지도 모른다. 내가 그랬으니까. 이 만화의 배경은 말레이시아의 보르네오섬으로 추정된다고 한다.

실제로 말레이시아는 세계에서 가장 오래된 열대우림인 '타만 네가라'(1억3천만 년 추정)가 있다. '공룡이 어슬렁거릴 때에도, 포유류의 최초 조상인 작은 동물들이 진화를 시작할 때에도, 꽃을 피우는 식물이 지구상에 처음 나타났을 때에도 이곳에는 숲이 있었다…. 이곳의 열대우림은 세계에서 생물다양성이 최고 수준이다'라고 지식백과에서는 그 아름다운 곳을 설명한다.

인도네시아와 더불어 말레이시아는 나처럼 자연과 탐험을 좋아하는 사람에겐 엘도라도 같은 곳이다. 자연재해마저 거의 없다. 하지만 외국어 공부와 자소서 쓰기라는 지독한 겨울방학 콘셉트를 고수하기 위해 수도 쿠알라룸푸르에 머물렀다. 말레이시아는 언젠가 다시 와서 몇 개월 동안 여행하며 찬찬히 씹고 뜯고 맛봐야 할 땅이다.

도시의 매력도 상당하다. 지하철을 타면 온갖 종류의 사람들과 마주한다. 히잡을 쓴 여성, 중국계, 인도계, 백인들도 종종 보인다. 들리는 언어도 영어, 중국어, 말레이어, 타밀어 등 이리저리 귀가 쫑긋해진다. 오늘부로 말레이시아를 동남아의 뉴욕으로 부르기로 한다.

감사하게도 카우치 서핑 호스트에게서 먼저 연락이 왔다. 이 특별한 곳에선 어떤 친구를 만날까 기대하며 카우치 서핑 앱을 켰다. 운 좋게 현지인에게 호스트 제안 메시지를 몇 통 받았다. 그런데 낯익은 프로필이 보였다.

"어…어! 이 사람 뭐지??"

'Hey man, you can stay with me if you want!! I can host you:) if you love food and you will never regret to stay with me!!:))) Read my reference and look at my photo:) Here is my Food video link.'

홀리 쉣… 본인이 나온 유튜브 영상까지 보내준 이 친구는 내가 구독하는 일상&여행 유튜버 채널에 외국인 게스트로 나온 사람이었다. 확인 사살을 위해 서둘러 유튜브 링크를 눌러본다.

'백종원 골목식당에서 찌개먹방'이 뜬다. 맞다. 세상 좁다 좁다 하는데, 이런 식으로 좁을 줄이야. 심지어 내가 구독 중인 유튜버는 구독자가 2만 명이 채 안 된다. 나름 나만 아는 유튜버 채널에 나왔던 사람이 만나자고 연락이 오다니. 이게 무슨 일인가.

'Hi! Oh my gosh, I know you!! I saw your video in Youtube! Nice to meet you. Yeah. I hope to stay your home.'

이 친구 마음이 바뀌기 전에 빠르게 답장을 보냈다.

사실 그가 나왔던 영상은 평범한 먹방이었고, 내 기억에 끝까지 보지도 않았다. 2분 정도 봤을까. 그 짧은 순간에도 방긋방긋 웃고 농담을 던지는 그의 인상이 좋았던 것 같다. 덕분에 카우치 서핑을 하며 최초로 낯선 사람이지만, 내적 친밀감과 함께 안전과 재미는 건지겠다는 확신이 들었다.

우리는 초저녁에 쿠알라룸푸르의 어느 길가에서 만났다.

"Hi man! Nice to meet you."

"Hi, I'm 에드윈."

그는 황갈색 도요타를 몰고 왔다. 차로 픽업까지 와준 호스트는 처음이다. 일면식도 없는 유튜버 덕분에 친구의 친구를 만난 듯한 안정감을 느낀다. 우리는 급속도로 친해져 수다를 떠는 사이 집 앞 주차장에 도착했다.

"잠시만 기다려."

그는 분주히 가방을 뒤적거리더니 몽둥이 같은 나무 막대를 꺼낸다. 인생 처음 알았다. 자동차 핸들 잠금장치라는 게 존재한다는 것을.

"만일을 대비해야지."

말레이시아는 동남아에서 치안이 꽤 좋은 편이다. 흉악 범죄도 많지 않고, 사형제도까지 유지하고 있다. 그럼에도 자전거에 자물쇠 잠그듯

자동차 핸들 잠그는 게 일상화되어 있다니. 문화 충격은 그의 집에 도착할 때까지 이어졌다.

"와, 여긴 숫자 4가 아예 없네."

엘리베이터에는 4층 대신 3B, 14층 대신 13B층 버튼이 떡하니 자리하고 있다. 중국계가 꽉 잡고 있다더니, 국교가 이슬람인 국가에서 중국 미신이 통하나 보다. 엘리베이터에 내려서 대문에 들어가는 상황도 재밌다. 일단 대문 대신 쇠창살로 된 철문이 떡하니 버티고 있다. 그는 주머니에서 주섬주섬 열쇠 꾸러미를 꺼내더니 무려 3개의 자물쇠를 푼다. 힘겹게 문을 열면 비로소 진짜 대문이 나온다. 대문 자물쇠를 돌리고야 신발을 벗을 수 있다. 치안이 좋은 이유가 이렇게 모든 걸 다 잠그고 다녀서인지 모르겠다. 이 친구의 아파트가 특별한 게 아니고 대문이 이중 삼중까지 있는 집이 이곳에서는 흔하다고 한다. 성격 급한 한국 사람 정서에는 분명히 맞지 않다.

에드윈은 중국계 말레이시아인이다. 중국어와 영어 연습 상대로 이만한 사람이 없다. 연습 상대와 흥미로운 사람, 두 마리 토끼가 넝쿨째 굴러왔다.

"이 사진들은 다 뭐야?"

그의 방 한쪽 벽에는 수백 장의 사진들이 붙어있다. 모두 인물 사진이다.

"내가 카우치 서핑에서 만났던 사람들이야."

"언제부터 했는데 이렇게 많이 만났어?"

"2011년부터 했지. 지금까지 350명 넘게 호스팅했어. 너는 진짜 행운인 줄 알아! 이렇게 많은 사람이 우리 집에 머물고 싶어 했어!"

"하하하하. 그런데 어떻게 낯선 사람을 수백 명이나 만나고 재워주기까지 했어? 너 바쁘잖아."

에드윈은 행동과 표정이 여유가 넘쳐서 그렇지 실로 바쁜 삶을 살고 있다. 박사과정 중이며 시간강사로 일하는 중이다. 그의 꿈은 교수다.

"예전에는 정말 매일 새로운 호스트를 받았어. 어떨 때는 한꺼번에 두 사람을 받은 적도 있지. 트윈타워만 100번 넘게 가봤다니까. 바투동굴도 너무 많이 갔어. 그래도 새로운 사람들을 만날 때마다 새로운 경험을 하는 게 너무 재밌더라고. 새로운 문화도 배우고."

"이상한 사람들은 없었어?"

"당연히 있었지. 내 시계랑 돈을 훔쳐 간 놈도 있었다니까. 좋은 사람도 만났고, 나쁜 놈도 만났지."

"호스트 말고 게스트도 많이 해봤어?"

"초반에는 나도 너처럼 서퍼(surfer)로 여러 사람에게 신세를 졌지. 그런데 몇 년 지나니까 힘들어서 못 하겠더라."

"늙어서?"(만난 지 몇 시간 안 된 우리는 마치 고등학교 베프처럼 아무 말이나 했다.)

"하하하 뻑유! 30대가 되니까 남의 집 소파나 요가매트, 바닥 또는 한 매트리스에서 둘이 자는 게 불편하더라고. 이제 좀 지쳤다고나 할까. 그래서 이젠 호텔이나 호스텔로 가지. 그래도 좋은 사람들을 만나고 싶어서 호스트는 가끔 하고 있어."

30대가 되니까 힘들어서 못 한다라…. 그는 30대 초반의 키도 크고 피부도 좋은 건강한 청년이다. 체력도 문제지만, 이제 편한 것이 익숙할 나이라고 짐작해 본다.

"역시 조금이라도 젊을 때 해야겠네."

그의 어깨를 주물러 주며 내가 말했다. 나는 종종 스무 살 때 취득한 '스포츠 마사지 1급' 자격증을 뽐내며 감사의 표시로 써먹었다.

"아이고, 시원해라. 너 그냥 여기 마사지사로 취직해!"

일본인 흉내를 내며 간드러진 목소리로 말한다. 아양 떠는 게 취미지만 대화를 하는 와중에도 학생들 페이퍼를 정리하며 무언가 바쁘게 기록한다. 역시 박사과정은 다르다.

"자, 이제 자자."

"내가 모기한테 물리면 너 죽일 거야."

"오늘이 객사하는 날이구만."

자는 순간까지 실없는 소리가 끊이지 않은 우리였다.

말레이시아에서는 두 명의 친구를 더 만났다. 카우치 서핑에서 밋업을 하고 싶다고 연락 온 에릭을 만나 저녁을 먹었고(MBA를 졸업하고 은행에 다니고 있는 30대 형님이었다), 일본인 친구 미나미를 만났다. 중국에서 친하게 지냈던 미나미는 말레이시아 회사에 취업해 1년간 근무를 하고 있었다. 어디서든 새로운 인연을 만난다는 건 참 짜릿한 일이다.

말레이시아에서 낯선 남자 집에 초대되다!

여름방학 때는 마음 놓고 여행에만 집중했다면, 이번엔 자소서와 외국어 자격증 공부를 병행했다. 결과적으로 유튜브도 찍고 자소서를 완성하고 귀국 후 곧바로 외국어 자격증도 취득했다. 콘셉트는 성공한 셈이다. 직장인이 된 지금은 아무리 봐도 아프리카 대륙을 샅샅이 여행하기에 딱 좋은 시절이었지만, 4학년을 앞둔 취업 절벽 문과생이었던 나로서는 최선의 선택이었다.

Part 04

270일 미국, 상공회의소 인턴

INTRO

이 기회는 꼭 잡는다

'장기 WEST 합격자로 선정되신 것을 축하드립니다.'

합격이다. 미국에 간다. 그것도 뉴욕이다. 트렌드를 움직이는 곳, 금융 중심지 월스트리트, 브로드웨이 뮤지컬, 압도적인 타임스퀘어, 가본 사람들 모두 찬사를 한다는 센트럴 파크, '악마는 프라다를 입는다'의 바로 그 뉴욕이다.

Alicia Keys의 'Empire State Of Mind'를 들으며 등교를 한 지 어언 수개월. 겨울방학 여행 내내 자소서를 붙들고 다닌 보람이 있다. WEST 프로그램 중에서도 장기는 어학연수 4개월, 인턴 12개월이 가능하다. 본인의 의지와 능력에 따라 2차 구직을 하여 H1 비자를 받을 수 있는 기회도 존재한다. 여행도 하고 싶고, 취업도 하고 싶은 나로서는 최선의 선택이다. 어느 정도 인생이 계획대로 흘러간다. 중국을 거쳐 세계 최강대국 미국에서 일할 수 있는 달달한 기회를 잡았으니 단물이 다 빠질 때까지 누릴 일만 남았다. 단물이 다 빠지면 우려먹을 각오까지 하고 J1 비자를 받았다.

Hey,
I'm a New Yorker!

01

뉴욕의 첫인상

"희선아, 우리 숙소까지 대중교통으로 가보자. 택시 타지 말고."

구레나룻에 맺힌 땀을 닦으며 내가 말했다. 7월의 JFK 공항에는 길게 뻗은 야자수가 빽빽이 자리 잡고 있었다.

"우리 유심도 없는데 가능하겠나?"

인스타 스토리를 찍느라 바쁜 희선이가 가까스로 대답했다.

데이터가 없어도 GPS가 가능한 'maps me' 어플이면 못 갈 곳은 없다. 길은 헤매면 그만이다. 우리는 뉴욕의 첫인상을 온몸으로 느끼고 싶었고, 그렇게 '임시숙소까지 택시 타지 않기' 미션을 시작했다(같이 온 다른 웨스티 동기들은 당연한 수순으로 택시를 탔다. 사실 그게 정상이다).

Melting pot. 뉴욕의 또 다른 이름은 '인종과 문화의 용광로'이다. 약 170개의 언어가 사용된다는 뉴욕에서의 첫날, 온갖 다양한 인간 군상과 마주쳤다.

지하철 플랫폼에 도착하자마자 빨간색 닥터드레 와이어리스 헤드폰을 끼고 혼자 팝핀을 추는 남자와 조우했다. 옆에서 웬 아시아인이 곁눈질로 쳐다보던 말든 그루브를 유지하는 그는 그저 멋있었다. 그렇게 사람 구경에 정신이 팔릴 때쯤 우리는 길을 잃었다.

"여기 도대체 어디지?"

28인치 캐리어와 커다란 이민가방을 양손에 붙들고 내가 말했다. 어깨에 멘 90L 백팩은 덤이다.

뉴욕의 지하철은 너무나도 복잡했다. 서울에 처음 놀러 갔을 땐 1호선 열차를 제대로 확인 못 해서 엉뚱한 곳에 내리곤 했는데, 이놈의 뉴욕은 감도 안 잡혔다. 하나의 노선이 특정 역에서 여러 노선으로 갈라졌으며, 명칭마저 숫자와 알파벳으로 뒤섞여 있었다.

1904년에 개통되어 365일 24시간 내내 운행되는 뉴욕 지하철의 스케일은 달랐다. 거의 120년이나 묵은 지하철에서 빠르게 쏘다니는 생쥐를 네 마리쯤 마주쳤을 때야 제대로 된 방향을 찾았다. 9와 4분의 3 플랫폼을 찾아 헤매는 해리포터의 심정이 십분 이해가 갔다.

우리는 가까스로 브루클린행 지하철에 올랐고, 이번엔 검은색 정장 투피스에 18mm쯤 되어 보이는 핑크색 반삭 머리를 한 흑인 여성과 마주쳤다. 그녀의 옆머리에는 하트 스크래치가 강렬하게 그려져 있었다.

'와, 이게 뉴욕의 패션이란 건가.'

무례한 아시안이 될 수는 없었기에 속으로 중얼거렸다. 아마추어 씨

름부는 되어 보이는 그녀는 실제로도 컸지만, 뭔가 더 대단하고 커 보였다.

그렇게 우여곡절 끝에 지하철에서 내렸지만, 끝이 아니었다. 무려 버스를 갈아타야 했다. 동기들과 며칠 머물 임시숙소는 브루클린의 귀퉁이, 즉 우범지대로 불리는 곳에 위치해 있었다. 대학생들에게 뉴욕의 물가는 가혹했고, '설마 총이라도 맞겠나' 하는 20대의 혈기가 어우러진 선택지였다. 그날 밤, 총은 안 맞았지만 놀랍게도 총소리 비스무리한 건 들었다. 폭죽이라기엔 주변이 너무 어두웠고, 군필자만 안다는 특유의 천둥 같은 째지는 소음이 여러 번 났다.

브루클린 속 할렘가답게 거리에 어슬렁거리는 이들은 대부분 흑인이었다. 그들은 하나같이 우리를 대놓고 쳐다봤다. 정류장 가는 길에는 시큼하고 텁텁한 풀 타는 냄새가 스멀스멀 올라왔고, 뉴욕 생활 한 달차에 들어서야 그게 바로 대마초 냄새였음을 알게 되었다.

그때 드라마처럼 대마초 냄새를 뚫고 'I DON'T GIVE A FUCK'을 온몸으로 표현하고 있는 흑인 여성이 나타났다. 190cm는 되어 보이는 그녀는 커다란 Boom box(탁상용 오디오)를 정수기 생수통처럼 한쪽 어깨에 짊어진 채 유유히 걸어왔다. 얼굴을 반쯤 가리는 검은색 선글라스에 세기말 감성의 사이버틱한 은갈치 코트를 입은 그녀는 1세대 아이돌 같기도 했고, 1997년도에 이소라의 프로포즈에서 'Youth gone wild'를 불렀던 김경호 같기도 했다. 묵직한 드럼 사운드와 함께 사뿐사뿐 걸어가는 그녀는 브루클린 길거리를 영화 「8마일」의 디트로이트로 바꿔버렸다. 거짓말 같지만 진짜다.

그렇게 우리는 온갖 삼라만상을 구경하며 임시숙소에 도착했다. 이후

「캐리비안의 해적」에 나오는 주술사 '티아 달마'와 똑 닮은 사람, 타임스퀘어에서 팬티만 입고 기타 치는 '네이키드 카우보이', 사각 트렁크

팬티만 입고 지하철에서 나오는 노숙자인지 뭔지 모를 남자, 바지를 반 이상 내려 입어 팬티가 다 보이는 힙합맨 등 별의별 사람을 만났지만, 첫날만큼 인상적이지는 않았다.

이날 마주친 광경들은 내 미국 생활 통틀어 가장 뉴욕스러웠으며 선물 같은 기억으로 남았다.

I love 스몰톡

"Hey, I love your Jacket!"

3달러짜리 우유를 바코드에 찍으며 릴리가 말했다.

"Thank you, Lilly."

웃으며 내가 대답했다.

한국에서는 1년 동안 드나들었던 단골 편의점 알바생과 대화해볼 시도조차 안 했었지만, 여기는 다르다. 미국에서는 낯선 사람에게 대뜸 말 거는 게 전혀 이상하지 않다. 그렇게 집 앞 마트 알바생 릴리와도 안면을 텄다. 심지어 지나가는 사람에게도 "I like your shoes"라고 하면 열이면 열 웃으면서 "땡큐"로 답한다. 원한다면 대화를 더 이어 나갈 수 있다. 영어를 못해도 상관없다. 외국인 핸디캡이 적용되니까 말이다.

사람들과 이야기하는 걸 좋아하는 나에겐 최적의 환경설정이다. 스몰톡 덕분에 궁금한 건 뭐든 물어볼 수 있다. 공군(Air force) 전투복을 입은 미군에게 "Thank you for your Service"라고 말을 건네며 나도 군인이었다고 너스레를 떨기도 했고, 지하철 옆자리에 앉아 있던 미국인의 폰에 한글 자판이 깔려있는 걸 보고 "Hey, Are you studying Korean?"을 툭 뱉을 수도(얘기해 보니 그녀는 서강대 교환학생 경험이 있었다) 있었다. 난생 처음 본 톱악기 버스킹을 보고 그 물건의 유래는 무엇인지, 같은 건물에 사는 코리안 아메리칸 노총각 아저씨에게는 미대 출신이 어쩌다가 막노동을 하게 되었는지, 노브라로 다니는 히스패닉 친구에게는 시선이 부담스럽지는 않은지 - "남 시선은 신경 안 써. 그냥 하고 싶은 대로 하는 거야. 가족과 친구한테만 잘 보이면 돼"라는 대답이 돌아왔다 - 등 수많은 호기심을 해소할 수 있었다.

갑자기 생기는 급발진 호기심이라도 언제든지 해결 가능하다. 호기심

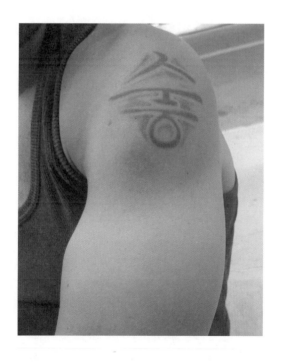

은 헬스장에서 덤벨을 들다가도 스몰톡으로 해결할 수 있었다. 저 멀리 딥스를 하는 남성의 오른쪽 어깨에 한글로 보이는 단어가 타투로 새겨져 있었다. 가까이서 보니 '숯'이다. 아무리 봐도 1음절 '숯'이 많다. 뭘까. 하다못해 '솟아라'는 '숯'이 아니고 '솟'인데. 물 한 모금 마시고 그대로 직진했다.

"Hi, May I ask you something?"

"Sure, why not?"

"What does this tattoo mean?"

회색머리가 듬성듬성 보이는 그의 이름은 조엘이었다. 그는 한국에서 두 살 때 미국으로 입양되었다고 한다. 성은 조 씨다. 혹시 한양 조 씨냐고 아이스 브레이킹 겸 헛소리를 하니 그건 모른다고 정색하신다. (한양 조 씨, 풍양 조 씨 등을 알려주며 아마도 당신의 조상은 Nobleman일 거라고 알려주었다.)

타투는 '좋소'(Good이라는 의미를 새기고 싶었나 보다)라는 뜻이라고 하는데, 아무리 봐도 한글을 모르는 타투이스트가 '좋'을 '숯'으로 지져버린 듯했다. 사연이 많은 타투라고 하니 또 다른 의미가 있을지도 모른다.

조엘은 월스트리트에서 일하는 엘리트였다. 우리는 시간대를 정해서 같이 운동을 하기도 하고, 맥주 약속도 잡았다. 바빠서 끝내 맥주는 같이 못 먹었지만 '숯'의 궁금증은 해결할 수 있었다.

뉴욕은, 아니 미국은 누구와도 말을 할 수 있고, 누구와도 친구가 될 수 있다. 마음만 먹는다면. 미국에 왔으면 미국 관습을 즐기는 것도 하나의 방법이다.

가만 보면 한국에서도 스몰톡을 주구장창 하는 존재들이 있다. 바로 아줌마(Ajumma)들이다. 그들은 지하철이든 길거리든 사소한 일로 말을 거는 능력이 있다. 한국 아줌마들은 스몰톡 마스터들이셨다.

무교 인생, 절도 가고 교회도 간다

"주말에 딸들이랑 절에 가는데 같이 갈래요?"

"아유, 저는 좋죠!"

살다 보니 내가 미국에 인맥이 있을 줄이야. 아빠의 지인분이 뉴저지에 살고 계셨고, 덕분에 '아빠 친구 딸 소개'를 받게 되었다. 물론 여기서의 소개는 소개팅이 아니다. 그저 타국에서 한민족끼리 상부상조하는 만남이다. 이민자 2세인 미국 출생 딸들은 서툰 한국말을 연습해 볼 수 있고, 나는 몇 마디 영어를 쓸 기회와 새로운 친구와의 만남, 그리고 '미국에서의 한국 절 체험'이라는 돈 주고도 못 살 경험을 하는 것이다. 어메이징한 경험을 하기 위해 편도 두 시간이 넘는 뉴저지의 절까지 꾸역꾸역 찾아갔다. 감사하게도 아주머니가 절 부근에서 친히 차를 끌고 픽업을 나오셨다.

절은 정말 검은 머리 천지였다. 모두가 코리안 아메리칸이었고, 아주머니 아저씨들이었다. 정말 오랜만에 "나무관세음보살"을 소리 내어 읊고 절도 몇 번 했다. 한국에서는 절밥을 거들떠보지도 않았지만, 미국에서의 비빔밥, 떡, 한과는 한식 코스요리로 둔갑했다. 아버지 친구분은 자애롭게도 남은 음식을 조금 싸주시는 인류애까지 베푸셨다. 절 구경이 끝나니 아빠 친구 딸들이 왔다.

"Hi, 안녕. Nice to meet you."

"Hi I'm 한내."

"I'm 한솔. Good to see you."

다큐멘터리를 찍고 싶다는 한내와 비둘기보고 귀엽다고 하는 한솔이는 내성적이면서도 톡톡 튀었다. 우리는 아주머니 차를 타고 드라이브도 가고, 몇 번 따로 만나 공원도 갔다. 내가 귀국한 후에는 한솔이가 고려대학교 교환학생으로 한국에 방문하여 다시 재회하기도 했다.

다만 검은 머리와 민머리 천국인 절은 '해외에서 한국인을 멀리하자'는 철칙에 어긋났다. 그렇게 몇 주간 꾹 참고 다니다가 교통이 힘들다는 핑계로 더 이상 가지 않았다.

뉴욕 자가에 글로벌 대기업 다니는 형님

'친한 언니 뉴욕에 산다 했잖아 ㅋㅋ 진짜 도움 필요하면 말햄.'

대만 여행에서 알게 된 진영이의 친절한 디엠이 문뜩 떠올랐다.

'그 친한 언니 뉴욕에서 무슨 교회 다닌다고 했지? 나도 가보게 소개 좀.'

교회도 한번 가보자는 굳은 결심과 함께 디엠을 보냈다.

여행을 다니며 부처님, 예수, 성모 마리아, 알라 등 다양한 신을 믿는 친구들을 만났다. 아직까지는 나를 가장 믿기에 종교가 없지만, 그렇다고 완전히 쇄국정책을 펴고 있지는 않다.

故 신영복 선생님의 『감옥으로부터의 사색』을 보면 '떡신자'(교도소

의 모든 종교 집회에 빠짐없이 나타나 위문품을 받는 사람) 이야기가 나온다. 선생님은 '떡 한 봉지 받자고 청하지도 않는 자리에 끼어든다는 것이 어지간히 징역 때 묻은 소행이 아닐 수 없다고 하였지만, 이는 솔직함을 뜻하기도 한다'고 말씀하셨다. 원래 솔직한 나는 더 솔직해지기로 마음먹었다. 여기는 뉴욕이니 베이글 신자쯤 되겠다. 종교인들이 부러운 이유 중 하나는 '그들만의 견고한 커뮤니티'다. 낯선 미국인 커뮤니티에 어떻게라도 들어가고자 하는, 부끄럽지만 솔직하고 절박한 마음으로 이번엔 교회에 쭈뼛쭈뼛 발을 들이밀었다.

교회 앞에서 진영이가 소개해 준 언니를 만났다. 미국에서 대학을 나왔다는 언니는 미국 교포 출신 남편분을 만나 뉴욕에서 가정을 이루었다. 나는 첫 만남에 아기 옷을 선물해 주었고, 그들은 그 다음 주에 나를 집에 초대해 주었다. 미국에서 사는 이야기와 여행 이야기가 무르익을 무렵, 속에 담긴 질문을 꺼냈다.

"형님은 뉴욕에서 무슨 일을 하시나요?"

"나는 링크드인 다녀."

눈웃음을 지으며 형님이 말했다.

'뉴욕 자가에 글로벌 대기업 다니는 형님'이 여기 있었다. 세계에서 가장 땅값 비싼 도시 중 하나인 뉴욕의 아파트에 살 수 있는 이유가 밝혀졌다. 선한 인상과 눈웃음, 큰 키와 그에 못지않은 덩치, MBA 졸업장까지 갖춘 형님은 그야말로 글로벌 엘리트셨다.

"미국에서는 보통 2-3년마다 직장을 옮겨. 그래야 몸값이 올라가거든. 나도 골드만삭스 다니다가 링크드인으로 이직한 거야."

"와, 그럼 링크드인 직원들은 또 어디로 이직해요?"

"여기서는 구글로 가는 경우도 있고, 페이스북으로 가기도 해."

골드만삭스, 링크드인, 구글, 페이스북(現 메타). 미드에나 나올 법한 직장을 실제로 다니는 사람을 마주하니 뉴욕에 왔음이 더 실감 났다.

"어학원이 엠파이어 스테이트 빌딩에 있다고 했지? 시간 나면 점심때 우리 회사 놀러 와. 내가 초대하면 구내식당에서 밥을 먹을 수 있거든."

"너무 좋죠!"

생각지도 못하게 글로벌 기업 탐방권이 주어졌다.

링크드인은 세계 최대의 비즈니스 전문 소셜미디어로 구인, 구직계의 페이스북 같은 회사다. 2016년에 마이크로소프트가 30조 원을 들여 인수했으며, 7억 명 이상의 구독자를 보유 중이다.

다음 주에 우리는 엠파이어 스테이트 빌딩의 링크드인 정문에서 만났다. 회사인지 학교인지 구분이 안 가는 복장, 정해진 책상 없이 편한 곳에서 일하는 사람들, 회사 안에 있는 bar까지 완벽하다.

"와, 이거 미드에서나 보던 광경인데요?"

가슴팍에 붙인 방문자용 스티커를 매만지며 내가 말했다.

"미국에서는 테크 회사들이 밥이 잘 나와. 여기보다 더 잘 나오는 곳도 많고. 이곳 뉴욕 오피스는 직원이 천 명 가량인데, 샌프란시스코는 만 명 정도거든."

웬만한 결혼식 뷔페 격인 구내식당이다. 밥 때문에 여기 취업한다고 해도 인정한다.

"저도 언젠간 미국이나 영어권에 취업하고 싶은데 혹시 팁이 있을까요?"

미디움 레어 스테이크를 흡입하며 내가 물었다.

"내가 보기에 제일 쉬운 방법은 일단 한국 대기업에 입사해서 미국 주재원으로 오는 거야. 더 쉬운 방법은 컴공을 전공해서 개발자로 오는 거지. 솔직히 아시아인이 마케팅이나 경영으로 오기는 엄청 어려워. 백인들이 꽉 잡고 있거든. 그런데 개발자는 진짜 기회가 많아. 너 같은 경우는 전과를 하는 것도 방법이지. 아, 부트캠프도 엄청 좋지."

사소한 만남에서 글로벌 대기업 직장인의 조언까지 얻었다. 삼성의 SAFFY가 떠올랐지만, 슈퍼 문과인 내게는 다른 이야기다. 적성대로 사는 게 고통이 덜한 법이다. 열심히 사는 것 외엔 도무지 방법이 없다. 일단 영어 실력부터 키워야 한다.

형님네 가족과 친해진 바람에 반 의무로 교회에 드나들기 시작했다. 교회에는 싱글이 가는 타임, 패밀리가 가는 타임이 나뉘어 있었다. 처음에는 다 같이 패밀리 타임에 참여했지만, 그곳은 정말 '가족들'끼리만 왔다. 사람들을 만나기 위해 싱글 타임으로 옮겼으나, 언어의 장벽은 높고도 높았다. 관대한 마음으로 기독교에 대해 배워보려 했지만, 뭔 소린지 도통 알아들을 수가 없다. 백인 위주의 이 교회에 동양인 외노자는 나뿐인 듯했다. 그들은 당연히 배려 영어 따위를 할 생각조차 못 했을 테다. 심지어 흑인도 거의 없었다. 목사와 전도사는 굉장히 빠른 템포로 말을 쏟아냈고, 처음 들어보는 낯선 교회 용어들은 토익 LC 470점에게도 백그라운드 뮤직일 뿐이었다.

더군다나 교회 신자들은 여행지에서 만났던 외국인 친구들과는 결이 완전히 달랐다. 그들은 영어 못하는 동양인에게 관심이 없다. "How's going?" "How are you?" 등 인사말들이 오고 갔지만, 기본 신상 소개

이후 딱히 할 말이 떠오르지 않는다. 선교사들은 감사하게도 언제나 밝은 미소로 말을 걸어 주었는데, 과도한 친절은 외려 부담스러웠다.

"주말예배에만 오지 말고 액티비티에도 오세요!!"

선교사들이 격양된 어조로 웃으며 말했다.

미국에서 운동은 인맥의 필수 요소다. 이들은 어떻게 노는지 궁금해서 평일 밤에 시간을 쪼개 탁구모임에 참석했다. 작은 종이컵 안에 탁구공을 골인시킨다든지, 단식 경기를 하는 등 여러 방식으로 진행되었지만, 탁구 자체를 못하는 나에겐 고역이었다. 그래도 공을 몇 번 주고받았다고 말문을 튼 자들이 있었는데, 뉴요커들이라 그런지 삐까뻔쩍하다.

"나 뉴욕대 다녀." "난 지금 골드만삭스에서 일해." "나는 월가에서 회계일을 하고 있어."

탁구 한 시간 하고 나니 이들과 친해지려면 꾸준히 이런 모임에 참가해야 함을 느꼈다. 인풋이 너무 빡세다. 다만 한국에서 선교사로 활동했던 친구들과는 꽤 할 말이 많았는데, 그중 파란 눈에 키 크고 잘생기고 수염마저 멋들어지게 난 '밀러'라는 성을 가진 백인 회계사와 친해졌다. 말로만 듣던 현존 인류 최고 파워를 가졌다는 '미국 동부에 거주하는(그것도 뉴욕) 번듯한 직업에 잘생긴 앵글로색슨 백인 남성'이다. 우리는 이런 이들을 우스갯소리로 '영장류 최고 스펙'이라고 불렀다(그렇다고 사대주의는 아니다). 20대 후반 나이에 결혼해서 금발의 와이프와 함께 교회를 다니는 그와 코리안-잉글리쉬 언어교환을 했다. 주말 교회 예배 한 시간 전 근처 공원에서 만나 서로 원서를 낭독하고 피드백을 하는 모임이랄까. 밀러에게 said를 '셋'이라고 발음해야 하는데 애매하게 '셋드' 느낌이 난다고 지적을 받았다. 역시 언어는 디테일이라는 걸 다시 한번 배웠다.

이렇게 교회 생활은 두세 달 지속되었다. 문제는 신앙심이 전혀 생기지 않았다. 당연한 게 생경한 교회용어 투성이에 빠르기까지 한 영어 예배는 전혀 귀에 들어 오지 않았다. 편도 한 시간이 넘는 거리를 1교시 출석하듯 오가는 생활은 고역 중의 고역이었다. 그것도 일요일에. 교회를 다녀오면 지쳐서 낮잠을 오래 자는 바람에 일요일의 3분의 2가 삭제되었다. 주기적으로 모임까지 참가해야 한다는 건 인풋 대비 아웃풋이 너무 적었다. 외국에서 친구 사귀는 게 특기인 나는 그렇게 느꼈다.

이 노잼시기에 구세주 같은 잡오퍼가 들어왔다. 덕분에 취업 및 이사 준비라는 명목으로 절과 교회의 울타리에서 완전히 벗어나게 되었다.

미국 상공회의소
인턴

02

잡오퍼의 명과 암

웨스트 프로그램(WEST PROGRAM)은 미국에서 정당한 비자로 어학원 생활과 인턴까지 할 수 있는 분명한 기회가 주어지지만, 치명적인 단점이 있다. 원하는 회사에서 일을 못 할 가능성도 있고, 직무도 어떻게 될지 모른다. 더구나 무급(無給)일 가능성이 높다. 미국에는 아직도 무급 인턴이라는 게 존재한다. 말 그대로 교통비 정도만 지급 받고 일하는 열정페이다. 재수 없으면 교통비도 안 준다. 미국 시민권자도 아니고 대졸자도 아닌 우리는 무급일 가능성이 더 높다. 외노자가 아닌 '외노예'를 뽑는다고 해도 과언이 아니다. 대한민국 교육부 정책의 일환으로 2008년 한미 FTA를 통해 시행된 프로그램임에도 불구하고 실상이 그렇다.

나처럼 세계여행이 꿈인 사람이 두 마리 토끼를 잡기에는 가뭄에 단비 같은 소식이지만, 금전적 부담을 무시할 순 없다. 물론 집이 부자면 뭐든 걱정할 건 없다. 차라리 기초수급자라면 지원금이라도 많이 나온다. 애매하면 돈은 돈대로 나가고 지원금도 거의 없다. 나는 애매한 종자에 속했다. 무급행임을 거의 확신했기에, 어학원 점심시간에 도시락을 싸다니며 끼니를 때웠다.

"오빠 사실 부산 사람 아니고 강원도 출신이지?"

하도 감자를 싸 오니 출신까지 오해받기도 했다. 그럼에도 불구하고 꿋꿋하게 감자를 삶으며 최대한 부모님께 손을 벌리지 않았다. 특히 문과들은 거의 무급 확정이기 때문이다. 상경계도 아닌 인문대학 출신인 나는 두말할 것도 없다. 아니나 다를까, 원치 않는 회사에서 잡오퍼가 왔다. 웨스트 프로그램과 연계된 미국의 헤드헌팅 회사에서 학과나 적성에 부합하는 회사들에게 내 이력서를 뿌려준다. 덕분에 내가 회사를 고르기보다는 간택 당한다는 말이 맞다. 중문과인 나는 자연스럽게 차이니즈 어쩌고 하는 센터에서 잡오퍼가 왔다. 회사도 아니고 비영리단체인 '센터'다. 위치도 샌프란시스코다. 서부는 좋지만, 샌프란시스코는 불가하다. 미국에서도 물가가 가장 비싼 곳 중 하나로, 원룸이 월 최소 2, 3천 달러 이상이라는 썰을 듣고 마음을 단단히 먹었다.

면접에서 대놓고 떨어졌다는 피드백을 받으면, 다음 오퍼에서 불이익을 받는다는 경고가 있다. 거기다 합격하면, 다른 곳은 면접도 못 보고 바로 확정이 나버리는 시스템이다. 반드시 자연스럽게 떨어져야 한다.

인터뷰는 16시 예정이다. 20분 전부터 모든 준비를 마치고 노트북 앞에 앉았다. 그런데 16시가 되어도 화상면접 링크는 오지 않았다. '인도네시아 타임 말고 아메리카 타임도 있었나?'와 같은 별의별 생각이 든다. 그렇게 한 시간이 지나서야 헤드헌팅 회사에서 EST(동부 시간), PST(서부 시간) 혼선이 있었다는 맥 빠지는 답장이 왔다. 화딱지 나는 우여곡절 끝에 면접이 시작됐다.

면접의 콘셉트는 별 게 없다.

첫째, 웃지 않는다.

둘째, 샌프란시스코로의 이사 및 물가에 대한 우려를 표명한다.

셋째, 중국어 못하는 중문과다(아무래도 차이니즈 어쩌고 센터이기 때문에).

넷째, 나쁜 학생은 아니지만, 믿고 맡기기엔 부족한 사람이라는 아우라를 내뿜는다.

중국에서 깨달았지만, 면접은 연기다. 면접관은 끈질기게 나의 장점을 찾으려 노력하는 게 보였지만, 나는 여유 있게 그 희망을 무너뜨렸다. 그렇게 며칠이 지나도 합격 소식이 없었다. 살기 위한 연기는 통했다.

얼마 후 서부 애리조나주에 위치한 비즈니스 네트워크 회사에서 새로운 잡오퍼가 왔다. 홈페이지를 보면 수백 개의 도시에 사무실이 있는 초대형 기업처럼 보였지만, 아무리 봐도 수상쩍다. 심지어 한국에도 사무실이 있었는데, 검색해도 홈페이지는커녕 블로그도 없다. 확실한 위기감이 느껴졌다. 새로운 구렁텅이에 빠질 수는 없기에 백방으로 방법을 찾았다. 웨스트 프로그램 선배의 선배, 지인 등 온갖 인간관계 사다리를 거쳐 그곳에서 인턴을 했던 선배의 번호를 받았다.

"거기 진짜 노답이에요. 1인 사무실 비스무리한 곳이고요, 제가 출근

했는지 안 했는지 체크도 안 해요. 미국 회사인데 미국인들이랑 영어 할 기회도 별로 없고요. 그냥 차라리 도서관 왔다 생각하고 책상에서 공부하는 게 나아요."

그분은 카톡으로는 본인의 울분 섞인 썰 전달이 용이하지 않았는지, 감사하게도 전화까지 걸어 주셨다. 그렇게 일면식도 없던 선배와 한 시간 넘게 통화를 했다. 현재는 대형마트에서 2차 구직을 하여 캐셔 비슷한 일을 하고 있다는데, 만족도가 훨씬 높다고 한다. 영어 사용은 물론 월급도 빵빵해서 이도 저도 아닌 사무직보다 만족한다는 그분의 말에 더더욱 확신이 들었다.

그곳은 정말, 반드시, 기필코 떨어져야 했고, 깔끔하게 떨어졌다. 점점 연기가 늘고 있다.

(면접에 떨어지기 위해 용쓴다는 걸 공감 못 할 한국 취준생분들이 많을 것 같다. 입장 바꿔 생각해 보면 답이 나온다. 그들은 무급 외국인 노예를 원한다. 어차피 공짜 노예는 본전 이상이기에 웬만해선 떨어뜨릴 필요가 없다. 적어도 우리는 사지 멀쩡한 인간에다, 나름 국가 이름 달고 온 외국인이기에 신뢰도 갈 것이다. 물론 유급 회사이거나 정부 단체면 말이 달라진다. 실제로 운 좋게 미국 농림부, 싱크탱크 등에서 오퍼를 받은 동기들도 존재한다.)

얼마 후 동부에 위치한 상공회의소에서 오퍼가 왔고, 열심히 면접에 임하여 그곳에서 일하게 되었다. 세 번이나 오퍼를 받는 경우는 매우 드물기 때문에 앞뒤 가릴 처지가 아니었다. 일정 기간 동안 채용이 안 되면 강제 귀국을 해야 했기 때문이다. 규모는 매우 작은 곳이었지만, 그래도 상공회의소라는 네임 덕을 보지 않을까 하는 얄팍한 희망을 가져본다.

뉴욕 웨스티 중 나 같은 케이스는 드물었다. 썩 내키지 않는 오퍼를 받은 친구들은 많았지만, 나처럼 썩은 오퍼를 받았던 사람은 별로 없었다.
정말 좋은 조건의 오퍼를 받은 친구도 존재는 했다. 이 모든 것은 운이
다. 스카이 출신이어도 미국에서는 동양의 한 대학교일 뿐이기 때문이
다. 당연한 말이지만, 유급에 훌륭한 조건의 오퍼는 공대생들의 전유물
이었다. 그것도 운 좋은 공대생만 해당되었다. 대부분의 공대생들도 무
급을 면치 못했다는 말이다.

1인 사업체에서 살아남기

"Let's learn together."

신디가 어떤 사람인지를 한 문장으로 표현할 수 있는 말이다. 신디
는 상공회의소의 사장님, 즉 보스였는데 편하게 신디라고 불리기를 원
했다. 신디는 나한테 무언가 가르쳐 줄 때 종종 '우리 같이 배워보자'라
는 말을 했다. 귀국 후 한국에서 회사생활을 해 보니 그 말이 얼마나 경
이로운 말이었는지 깨닫게 되었다. 신디는 상사로서 여러모로 좋은 조
건을 갖추었다. 부드러움 속 디테일, 똑똑함(미국 박사 학위), 아주 가끔
연장근무를 하면 다음 날 늦게 출근시키는 융통성, 불면증은커녕 살면
서 어깨가 뭉친 적도 거의 없다는 타고난 여유로움까지. 40대 중후반
으로 추정되는 나이에도 머리가 매우 풍성한 이유가 있다. 인격자를 상
사로 두는 호사를 누리게 되었지만, 헤쳐나가야 할 과제들이 한두 가지
가 아니었다.

첫 번째 과제는 1인 사업체라는 점이다. 신디와 나 단둘이서 일한다.

가끔 봉사 개념으로 인턴 하는 사람들이 오는 정도이다. 미국의 상공회의소는 대한상공회의소와는 완전히 개념이 다르다. 이곳은 공익을 목적으로 설립된 비영리 민간단체(NPO)이다. 참고로 미국에는 약 180만 개의 NPO가 있다. 우리 회사는 비즈니스 네트워킹 프로그램, 비즈니스 엑스포, 워크샵, 세미나 등 이벤트를 통해 회원들의 사업 성장과 발전을 촉진하는 일을 한다. 즉 회원들을 위해 비즈니스 네트워킹 플랫폼을 제공하는 것이 주 업무다. 사실상 1인기업이기 때문에 가만히 있으면 크게 얻어갈 것이 없고, 딱히 정해진 직무도 없다. 스스로를 성장시킬 방법을 모색해야 한다.

두 번째는 미국 회사인데 의외로 영어 쓸 기회가 별로 없다는 점이다. 버지니아에서 대학을 졸업한 소연누나는 말했다.

"영어 배우러 회사 다닌다는 생각은 하지 말아!"

영어는 기본으로 장착하고 가야 한다는 말이겠지만, 아이러니하게도 그런 환경 자체가 성립이 안 되었다. 오피스엔 신디와 나 둘뿐이다. 거기다 사장실 따로, 내가 일하는 독방이 따로 마련되어 있어 무언가 보고하러 갈 때 빼고는 꼼짝없이 혼자 8시간을 보내야 했다.

조금 더 파고들자면, 신디는 스무 살 때 미국으로 이민 온 차이니즈 아메리칸이다. 완벽한 리스닝과 막힘 없는 스피킹을 구사하지만, 플로우에서 아시아권 티가 많이 났다. 덕분에 친근감은 느껴졌지만, 부작용도 있다. 모국어가 중국어인 신디는 어느 순간 걸핏하면 내게 중국어로 말을 걸었다(이래서 중문과를 뽑았나?). 특히 영어로 설명하기 귀찮거나 내가 영어를 못 알아듣는다고 느낄 때 중국어를 시전했다. 긍정적으로 생각하면 영어와 중국어 모두 할 수 있겠지만, 나 같은 경우는 둘 다 망칠

위기감을 느꼈다. 신디의 사투리 섞인 빠른 템포의 중국어는 영어보다 더 어려웠다.

이곳에서의 인턴이 끝나고 2차 구직(다른 회사 취업을 통한 비자 연장)을 하기 위해, 그리고 귀국 후 취업을 위해서는 직무 전문성과 영어를 다 잡아야만 했다. 재미있는 일상이지만, 갈 길은 참 멀고 험난했다.

다른 미국 회사는 어떨까?

뉴욕 웨스티 동기이자 룸메인 라멕이(영어 이름이냐고 오해받지만 본명이다)의 회사 분위기는 사뭇 달랐다. 환경공학과 학생인 라멕이는 Earth Day Network(이하 EDN)에서 인턴 생활을 하게 되었는데, 여러분이 생각하는 그 '지구의 날'을 이끄는 곳이 맞다. 우리나라에서 지구의 날은 매년 4월 22일 저녁 8시에 약 10분간 소등을 하는 걸로 잘 알려져 있다. EDN은 전세계 190개국과 함께 일하는 NGO답게 인턴만 20명에다 인턴 방이 따로 있다. 놀랍게도 이곳 미국 인턴들은 주 20시간 일한다고 한다.

'All calls come through here.'

모든 전화는 이곳으로 통한다. 회사의 모든 전화는 인턴 방으로 왔다. 직원에게 직통 전화를 할 수 없고, 반드시 1차로 인턴을 거친다(거 참 전화하기 참 어렵다). 덕분에 라멕이는 매일 실전영어를 쓸 기회가 있었는데, 미국 고객들의 전화는 호락호락하지 않아 보였다. 예를 들면 이런 전화다.

한 여성에게 전화가 왔다. 스스로 고민한 아이디어를 EDN 마케팅팀과 함께 구현해 보고 싶다고 한다. 하지만 마케팅팀의 디렉터는 그런 제안은 바빠서 진행할 수 없고, 기관이 아닌 개인의 제안은 잘 거절하라고 인턴들에게 당부했다고 한다.

"죄송한데 지금 그 제안을 논의할 직원분이 안 계세요."

당부대로 했더니 이런 대답이 돌아왔다.

"당신 직책이 뭐요?"

"인턴입니다."

"인턴은 뭘 배우는 거죠? 당신이 거기서 배우고 있는 걸 말해봐요. 당신이 나한테 해야 할 의무가 무엇인지 말해봐요."

"맡은 프로젝트를 하고⋯."

라멕이는 말문이 막혔다.

"You fraud!"(돈만 받아먹는 인간아!)

"Sorry."

라멕이는 화가 났지만, 반박할 영어 실력도 안 되었고 시간 낭비인 것 같아 미안하다고 말했다.

"You should be sorry."(미안한 줄 알아야지.)

이 말과 함께 뚝 끊어 버린다. 이후 전화 받기가 무서워졌다고 한다.

미국인들의 전화 문의는 다양하고 재밌어 보였다. 옆에서 듣기로는 말이다.

"우리 애 생일이 지구의 날과 똑같거든요. 환경 이벤트와 생일 이벤트를 함께 해 주고 싶은데 좋은 아이디어 있을까요?"를 물어보는 애 엄마, 15분 동안 자기가 살아온 인생과 환경에 대한 본인의 신념을 설명하는 할아버지 등 시트콤이 따로 없다.

미국인 인턴이 20명이나 모이면 어떨까? 그것도 인턴 방에서 자기들 끼리만 지낸다면? 미드 「How I met your mother」 처럼 매일 바에 가서 술을 마시거나, 온갖 맛집을 다니고 센트럴 파크 같은 곳에서 피크닉 할 것 같지 않은가. 그런데 그건 모두 환상이었다고 한다. 물론 케 바케이겠지만.

페이(Fei)라는 인턴이 있었다. 베이징 대학교 출신에 존스 홉킨스 대학원에서 석사 과정을 밟으며 인턴을 하는 친구다. 이 친구는 하루에 딱 두 마디 했다고 한다.

"Hi Guys" 그리고 "See you tomorrow."

어? 베이징 대학? 그럼 아시아인이라 샤이 보이 아니야? 하고 생각할 수 있겠지만, 그곳은 동서양의 모든 인턴이 서로 낯을 가렸다.

D.C.에 위치한 회사라 그런지 인턴들의 스펙이 엄청났다. 페이처럼 동양권 명문대에서 넘어온 친구들, 뉴욕대, 조지타운대, 아메리칸대, 유펜, 캘리포니아대학교 등 웬만해서는 훗날 미국 사회에서 한자리할 인물들이다. 그들은 각자 벽만 보고 일하며 가을 학기 동안 서로 함께 모여 밥 한번 먹은 적 없었다고 한다.

가뭄에 콩 나듯 말을 하는 친구들은 백인 애들이었는데, 자기네들 학교 얘기나 포켓몬 고, 정치, 사회 얘기를 했다고 한다. 하루는 어느 백인 친구가 이런 말을 했다.

"이번 학기 애들은 왜 이렇게 말이 없지?"

그렇게 말하는 본인도 평소 말이 없다.

EDN 인턴방

미국인들은 다 인싸라는 것도 어마무시한 편견이었다. 이런 케이스가 특별한 것 같긴 하지만, 어쨌든 다 사람 사는 곳이다. 그리고 가만히 있으면 정말 아무 일도 일어나지 않는다.

가만히 있으면 아무 일도 일어나지 않는다

가만히 있으면 아무 일도 일어나지 않는 것은 상공회의소도 마찬가지다. 같이 이야기할 인턴조차 없는 나는 정말 아무 일도 일어나지 않을 위기에 처했다. 이런 환경에서 유일한 네트워킹 기회는 비즈니스 이벤트였다. 일종의 포럼, 세미나, 워크숍과 같은 행사들이 D.C.에서는 우후죽

순처럼 열렸고, 상공회의소 직원은 쉽게 참여할 수 있었다.

그렇게 첫 비즈니스 이벤트에 참여했다. 전직 군인, 젊은 Founder, CEO 등의 연사가 이어졌다. 참여자는 대부분이 백인이었고, 소수의 흑인, 그리고 소수 of 소수인 동양인이 있었다. 완벽한 백인 사회에서 그들의 영어는 에미넴의 속사포 랩과 같았다. 잠깐 집중을 못하면 이야기는 후반부로 흘러가 버렸다. 어버버 하는 사이 네트워킹 시간이다(이벤트의 마지막은 항상 네트워크 시간이 있다). 참가자들은 다들 일어나서 테이블을 돌며 명함을 교환하고 네트워킹, 즉 인맥을 쌓았다. 여기서는 가만히 있으면 정말로 아무 일도 일어나지 않는다.

사람들을 관찰해보니 프로세스는 이러하다.

첫째, 일단 옆 사람이든, 앞 테이블이든 누군가에게 말을 건다.
둘째, 간단한 자기소개와 명함을 교환한다.
셋째, 스몰톡을 한다.
넷째, 사업 이야기를 한다.
다섯째, 웃는다.

이런 상황이 처음이라 쭈글이처럼 앉아 있는 내게 누군가 성큼성큼 걸어왔다. 짧은 회색 수염에 얇은 철테 안경, 쥐색 정장을 입은 그는 백 킬로그램은 족히 넘어 보이는 거구의 아저씨였다.

"헬로우."

"오, 헬로우 나이스 투 밋츄."

"컨퍼런스는 어떠셨나요?"

"이런 곳 처음 참여해봤는데 좋았어요."

"어디서 일하시나요?"

"저는 상공회의소에서 인턴으로 일하고 있어요."

이 타이밍에 우리는 명함을 교환했다.

"오, IT 회사의 CEO이시군요!"

"네 우리 회사는 ~~~를 하는데."

이때부터 무슨 말을 하는지 반도 못 알아먹었다. 온갖 테크놀로지 용어와 처음 듣는 IT 이야기가 난무했다. 아마 한국말이어도 이게 뭔 소린가 했을 테다.

"아… 그렇군요. 멋지네요."

"상공회의소에서는 무슨 일을 하나요?"

살짝 말문이 막혔다. 몇 번의 인터뷰로 자기소개는 줄줄 나왔지만, 얼마 전 들어온 회사에 대해서 누군가에게 영어로 소개를 해 본 적이 없다.

"저희는 D.C., 메릴랜드, 버지니아 지역을 중심으로 비즈니스 플랫폼을 지원하는데요…."

흔들리는 동공, 추상적인 말들과 헛소리를 하며 회사 소개를 끝냈다. 아니 끝장났다.

"중요한 일을 하시네요. "

별 소득 없이 무안한 인사를 하고 돌아섰다.

어학원에서 같이 공부하던 외국인 친구들, 밖에서 만난 미국인 친구들과의 대화와는 차원이 달랐다. 분야가 다른 비즈니스 토크는 정말 도통 무슨 말인지 알아듣기도 힘들고 말도 잘 안 나왔다. 이날 이후 우리 회사 관련 토크 스크립트를 썼다. 살아남기 위해.

비즈니스 네트워킹

엘리트 인턴 베라의 대화법

"곧 새로운 인턴이 봉사활동 개념으로 올 거예요."

신디와 둘이서만 일하는 다소 적막한 바이브에 베라가 들어왔다.

베라, 이 당당하고 멋진 친구를 어떻게 설명해야 할까. 베라는 흡사 무대에서 '보여줄게'를 부르는 가수 에일리와 비슷한 아우라를 가졌다. 어깨를 쫙 펴고 다니는 베라는 중국 출생으로, 시카고 대학교를 졸업하고 곧 로스쿨 입학을 기다리고 있는 친구다. 발성마저 귀에 딱딱 꽂히는 베라는 멋진 검은색 스포츠카를 끌고 다닌다(미국에 거주 중인 중국 학생들은 매우 높은 확률로 부자다).

이 똑똑하고 돈까지 많은 친구에게 당당하게 회사생활 하는 법을 배웠다.

미국에 있는 회사는 실리콘 밸리처럼 청바지에 후드티까지는 아니라도 하고 싶은 말이 있으면 누구나 당당히 의견을 말할 줄 알았다. 그런데 비즈니스 업계 특성상 비즈니스 캐주얼에 구두를 신었고, 딱딱하고 정중한 분위기가 디폴트였다. 오피스에 방문하는 외부인들도 넥타이를 맸으며, 비즈니스 이벤트에서는 풀 정장이 기본이다. 신디의 배려 덕분에 편안한 분위기가 흘렀지만, 어느 정도의 격식을 차려야 할 것만 같았다.

특히 소위 '한자리한다는 이들'이 참석하는 이사회 미팅을 할 때면 인턴인 나는 말 그대로 닥치고 앉아서 듣고 필기만 했다. 그래도 미국이라고 한 톤 높은 경쾌한 음성으로 'How are you?'를 시전하고 힘있게 악수를 청했지만, 미팅에서 내 의견을 말하거나 농담이나 가벼운 스몰 톡조차 시도할 생각을 못했다. 그런데 베라가 처음으로 참여한 미팅 자리는 달랐다.

상공회의소의 이사회 멤버들이 참여한 미팅이 시작되었다. 여느 때처럼 가만히 앉아서 듣고만 있는데, 베라는 종종, 아니 자주 대화에 개입하기 시작했다.

"그 건은 배경이 어떻게 되는 거죠?"

"A 말고 B는 어떻게 생각하세요? 그 이유는요…."

별 이야기가 아닐지라도 자연스럽게 의견을 제시한다. 그것도 '그거는 별로인 것 같아요'와 같은 비판이 아닌 B라는 대안을 제시한다. 미국에서는 자유롭게 의견을 피력할 수는 있지만, 그 근거를 명확하게 제시하면서 상대를 설득해야 한다는데, 그 광경을 직접 목도했다.

베라는 그냥 본인이 궁금한 점들을 스스럼없이 묻기도 했다. 그것도 잠시 틈이 생겼을 때를 놓치지 않고 잽싸게 캐치해서 분위기를 전환시

켰다.

"존, 궁금한 게 있는데요."

"뭔가요. 말해보세요."

40대 후반으로 추정되는 부동산 회사 CEO 존이 대답했다.

"커피 마실 때 플라스틱 컵을 왜 이렇게 많이 끼우세요?"

"하하하하, 재밌는 질문이네요."

모두가 빵 터졌다.

존의 일회용 플라스틱 컵은 대여섯 개가 겹쳐져 있었다. 사실 나도 처음 보자마자 '저 사람은 컵을 뭐 저렇게 많이 끼우고 있지?' 하는 생각을 했다.

"제가 커피를 다섯 잔째 먹고 있거든요. 한꺼번에 버리려고 끼워 둔 거예요."

계속 웃으며 존이 말했다.

같은 궁금증을 가졌어도 그런 시시콜콜한 이야기를 해도 되냐는 생각에 나는 입을 닫고 있었고, 베라는 타이밍 맞게 한마디 툭 던지면서 분위기를 전환시켰다. 한 시간 이상 지속되는 미팅으로 모두가 지쳐가던 상황이었는데, 베라 덕분에 생기를 되찾기 시작했다.

상공회의소라고 쭈그리고 있을 필요는 없었다. 분위기에 맞는 적절한 스몰톡은 모두에게 무해할 뿐만 아니라, 나를 각인시키는 도구다. 생존 영어를 뛰어넘어 분위기를 주도할 줄 아는 감각이 필요하다.

성공하려면 기부해야 한다고?

"베라, 넌 이제 곧 로스쿨에 들어가면 공부하느라 엄청 바쁠 텐데, 왜 안 쉬고 바로 봉사활동을 하는 거야?"

"NPO에 관심이 있기도 하고, 미국에서는 이런 봉사활동 경력이 꽤 도움이 되거든."

가만 보면 비영리조직인 우리 상공회의소가 굴러가는 이유도 위원회 멤버들의 덕이 크다. Chair인 스테파니는 거의 모든 미팅과 행사에 참여했고, 심지어 주말 이벤트에도 운영자로 참여했다. 처음에는 당연히 보수를 받고 일하는 직원인 줄 알았는데, 알고 보니 무급으로 재능기부를 하고 있었다. 마케팅, 총무 등을 맡고 있는 다른 멤버들도 주요 기업의 요직에 있거나 CEO들로 구성되어 있다.

신디 말로는 비영리단체 상공회의소를 운영할 수 있는 이유도 미국의 이런 기부, 봉사 문화 덕분이라고 한다. 역사적으로도 영국의 식민지 속에서 미국 시민들은 스스로 사회복지 해결에 나섰다. 자체적으로 기금을 마련해 학교, 병원 등 기관들이 세워졌고, 이게 NPO의 출발이다.

재능기부 외에 실제 기부도 엄청나다. 빌 게이츠, 워런 버핏, 일론 머스크, 마크 주커버그, 아마존 CEO의 전 부인 매킨지 스콧 등은 재산의 반을 기부하겠다고 서약했다. 한국에는 우아한 형제들 김봉진 의장이 서약하여 화제가 됐다.

"어찌 보면 NPO도 하나의 사업이죠."

신디가 말했다.

우리 오피스가 있는 건물 4층에는 2, 30개의 오피스가 있다. 그중 대부분이 상공회의소(Chamber)이다. 블랙 챔버, 히스패닉 챔버 등 종류도 다양하다. 심지어 같은 지역 안에서도 비슷한 종류의 상공회의소가 두 개 이상 있기도 하다. NPO는 세금 공제 혜택도 있다. 거기다 신디는 차이니스 아메리칸이기 때문에 기부금 받기가 더 수월했을 거라고 본다. 코리안 아메리칸보다는 차이니즈 아메리칸이 압도적으로 세력이 강하고 커넥션이 잘 형성되어 있기 때문이다. 역시 신디는 머리가 좋다.

이러한 특성 덕분에 사회적으로 한자리하는 이사회 멤버들과 친해지고, 각종 비즈니스 모임에서 대단한 사람들을 만날 수 있다는 게 인턴으로서 최고의 특혜다. NPO를 잘만 활용하면 2차 구직도 가능할 거란 희망을 가져본다.

미국
어디까지 아니?

03

인맥이 재산인 나라

"너거 서장 어딨어? 니 내 누군 줄 아나? 내가 너거 서장이랑 인마, 어저께도 밥 같이 먹고, 사우나도 가고, 마 다했어!"

여러분도 다 아시는 영화 「범죄와의 전쟁」에 내오는 대사다. '인맥빨'은 6공 시절, 즉 개발도상국 시절에나 통했나 싶으면서도 여전히 학연, 지연, 혈연을 무시할 수 없다. 포인트는 한국에서는 '암암리에' 인맥으로 취업에 도움을 줄 뿐, 대놓고 하지는 않는다. 그런데 놀랍게도 미국은 대놓고 인맥으로 취업을 한다. 인맥이 곧 능력이기에 어느 누구도 욕하지 않는다.

미국인들이 허용하는 가치는 남달랐다. 애매한 논문 한 편보다 주요

인사의 추천서 한 장이 파워가 더 세 보인다. 교수 추천, 직원 추천 등 온갖 종류의 추천은 기본이요, 인맥이 없으면 인지하지도 못하고 끝나는 비공개 채용도 허다하다. 심지어 알바 자리도 추천서를 요구하기도 한다. 비리의 끝판왕처럼 보이는 인맥 취업은 부정 청탁이 아닌 능력이다. 인맥을 쌓기 위해선 실력이 뒷받침되어야 하기에 이 모든 것들이 가능하다(부모 빽은 모르겠지만).

미국 시민권자도 아닌 유색인종이 살아남기란 정글과 같다. 특히 인맥 없는 동양권의 문과계열은 먹이사슬 최하위인 식물성 플랑크톤과 다를 바가 없다. 열심히 노력해서 취업을 해도 문과 직장인이 롱런하기는 쉽지 않다. 본인 실력이 따박따박 증명되는 개발자나 엔지니어 정도면 모를까. 미국 짬밥을 조금 먹으니 링크드인 다니는 형님이 한 말이 더욱 이해가 갔다.

"미국에서 일하고 싶으면 한국 대기업에 입사해서 주재원으로 오던지, 개발자가 최고야."

이쯤 되니 고려시대 광종(光宗)에 대한 존경심과 감사가 무지막지하게 솟구친다. 광종이 과거제를 실시하지 않았다면 눈앞이 캄캄할 따름이다. 고위 관료의 자제를 특별 채용하는 음서제가 아직까지 성행했을지도 모른다. 한국처럼 시험점수로 사람을 채용하는 문화가 발달된 나라는 흔치 않다. 광종은 그저 빛이다. 빛날 光자가 아깝지 않다.

"빨리 저분 명함을 받든 링크드인 친구를 맺든 뭐든 해봐요."

신디의 동료 이탈리아계 미국인 안젤라가 젊은 여성 사장님을 가리키며 말했다. 안젤라는 특정 이벤트를 서포트 하기 위해 오신 분이셨는데,

초면임에도 취업에 대한 조언을 많이 해 주셨다.

"어떻게든 기회를 만들어야 해요. 사소하게 만난 사이라도 친분을 쌓아야 하는 거죠. 연락을 하다가 티타임을 가지고 일자리에 대한 이야기를 하는 거죠."

상공회의소에서는 비즈니스 이벤트를 위해 가끔 장소 대관을 했다. 이번 이벤트는 런칭 직전인 스타트업에서 장소를 대관해주었는데, 사장님은 20대 후반 정도밖에 안 되어 보였다. 안젤라의 말처럼 비즈니스 네트워킹을 쌓는 일은 무엇보다 중요했다. 덕분에 젊은 사장님 명함을 받고 링크드인 친추까지 걸었다(회사의 성격이 맞지 않아 따로 연락은 안 했다).

미국의 네트워킹, 인맥 문화는 받아들이면 그만이다. 사실 사람의 실력과 능력이 객관적인 지표로만 평가될 수도 없기 때문이다. 서양 사회 자체가 인적 네트워크나 후원자의 추천으로 인재가 발굴되는 나라임을 인정하면 편하다. 해고가 쉬워서 이 모든 것이 가능한가 싶기도 하다.

이쯤 되니 미국이 왜 스몰톡이 발전할 수밖에 없었는지 이해가 간다. 네트워크를 쌓으려면 잡담으로 시작하는 게 최고니까. 미드를 보면 낯선 사람이 말을 걸어도 일단 웃으며 스스럼없이 대화한다. 실제로 본 미국도 그러하다.

미국의 인맥 문화에 대해 알게 되니 뭐랄까…. Show off(자랑)에도 조금 더 관대해지기 시작했다. 이전이었으면 윌리엄 같은 친구의 이야기를 다 듣고 있지는 않았을 테니. 윌리엄은 D.C.에서 우연히 알게 된 교포로 명문대학에 재학 중인 학생이다. 무진장 순박하게 생긴 이 친구는 눈 하나 깜짝 안 하고 이런 말을 했다.

"너 한국에서 왔어? 나도 가끔 한국 놀러 가는데, 짱이야. 우리 아빠가 한국 경찰대 1기 출신이거든. 그래서 아무도 못 건드려."

"한국은 나랑 안 맞더라고. 어렸을 때 한국에서 잠시 학교를 다녔는데, 어딜 가도 계속 전교 1등을 하니까 사람들이 질투를 많이 했어. 나는 미국에서 왔으니 영어도 잘하니까."

초면인 사람에게 이 정도로 집안과 본인을 자랑하는 성인은 처음이다. '이 친구는 좀 과한데?' 싶다가도, 오히려 Show off가 어필과도 연관이 있으니 '그냥 그런가 보다' 하고 넘기게 된다.

대망의 2차 구직

슬슬 2차 구직을 준비해야 할 때가 왔다. 우리는 정해진 8개월만 마치고 한국으로 귀국할 수도, 잡오퍼를 받고 몇 개월 더 미국에서 일할 수도 있다. 운 좋게 H1 비자까지 받는다면, 미국에서 몇 년간 일하며 영주권을 노려볼 수도 있다. 미국에 뼈를 묻겠다는 생각까지는 없지만, 최소한 2차 구직은 하고 싶었다. 감사하게도 신디는 원한다면 오퍼를 주겠다고 했지만, 나는 유급을 원했다. 2차 구직까지 무급은 안 되는 말이었다.

2차 구직은 구인 사이트에서 자소서를 제출하며 지원하는 전통적인 방법도 있고, 추천을 받아서 입사하는 경우도 있다. 앞서 인맥, 네트워킹에 대해 주구장창 말한 만큼 미국에서 추천 제도는 빈번하다. 그런데 나는 내년 7월에 뽑을 일자리를 구해야 했다. 내년 6월에 인턴 계약이 끝나고 난 후에야 2차 구직이 가능했기 때문에, 사실상 거의 9, 10개월 후에 나를 뽑을 곳을 찾아야 하는 것이다. 내년 상반기에 구하는 게 맞나 싶으면서도, 미리미리 준비하고 경험해봐야 한다는 선배들의 조언에 선행 학습을 하는 셈 치기로 했다.

웨스트 동기 중에도 2차 구직을 원하는 친구들이 많았다. 그중에서도 진심인 친구들 중에는 열정맨 라멕이가 있었다. 룸메이트에서 '2차 구직 메이트'가 된 라멕이는 회사 인턴 동료에게 받은 꿀팁을 공유해 주었다.

① 교수님, 회사 상사 등 가리지 않고 추천서 받기
② 비즈니스 이벤트나 공석 등에서 자기 어필하기 → 레쥬메(resume) 들고 다니기, Show off 하기
③ 링크드인 친구 추가하고 관련분야 사람들 컨택하기
④ 컨택된 사람들에게 이메일 보내기. 1주일간 답이 안 오면 다시 한 번 확인해 달라는 메일 보내기
⑤ 회사 직원들에게 2차 구직에 대해 이야기하고, 해당 분야, 지역, 회사 사람을 연결해달라고 부탁하기
⑥ 파트너십 관계에 있는 회사에 컨택하기
⑦ 회사 범위 좁히기(내가 원하는 게 무엇인지 찾기)

나는 고군분투 끝에 6가지를 실천할 수 있었다.

쥐뿔도 없는 동양인 대학생의 미국 면접 썰

비즈니스 이벤트를 주관하고 참여하기까지 하는 상공회의소에서는

②⑤⑥번은 차려진 밥상이었다. 이벤트에서는 회사의 과장, 차장급도 아닌 CEO들을 심심치 않게 직통으로 만날 수 있었다. 첫 네트워킹에서 거의 벙어리가 되었던 경험 덕분에 2차 구직을 위한 스크립트를 줄줄 외웠다. 인쇄한 레쥬메는 항상 가방에 넣어뒀다.

이벤트의 꽃, 네트워킹 시간에는 참여자 80% 이상과 명함 교환을 하자는 목표를 세웠다. 일단 들이박고 본다. 애매한 동양의 문과생(심지어 인문대학)은 기회를 하나라도 더 만드는 게 이득이다. 물론 이 방법은 썩 추천하지 않는다. 본인만의 명확한 강점을 활용하면서 미래 커리어 플랜에 맞는 곳을 타게팅하여 구직 활동을 하는 게 맞다. 하지만 이제 막 2차 구직을 시작한 나는 일단 인터뷰 경험을 쌓고 보자는 계획이었다. 그렇게 굶주린 하이에나처럼 잡 오프닝에 대해 묻고 다녔다.

① 인위적 질척거림

조금의 커넥션이라도 있으면 물고 늘어졌다. 코트라 워싱턴 무역관에서 근무하시는 분을 만났을 땐 나도 코트라 해외 무역관에서 일한 적 있다고 물꼬를 텄고, 상담을 받기도 했다.

차이니즈 아메리칸들은 노다지다. 그들과는 중국 여행 썰로만 한 시간 이상을 떠들 수 있었다. (중국인들도 나처럼 16개 도시를 여행한 사람이 드물다. 썰을 풀면 웬만한 중국 교포들은 눈이 돌아갔다.)

아이스 브레이킹이 끝나면 인턴 자리 어디 없는지, 나는 어느 포지션에 관심이 있는지 빼먹지 않고 어필했다. 대부분은 경청을 해주시고, 일부는 이력서를 보내 보라고 하셨다. 내 전공을 물어보고 힘들 거라고 솔직하게 말씀하시는 분도 많았다. 그래도 어쩌겠는가 밀져봐야 본전인데.

② 남의 대학 인턴십 페어 가기

조지워싱턴대학교(故 이건희 회장이 MBA를 수료한 곳)에서 열린 인턴십 페어에 참여했다. 그 학교 학생도 아닌데 참여한다고? 가능하다. 외부인도 신청만 하면 무료로 참여가 가능했다. 회사 입장에서는 미국 명문 대학생들을 뽑으러 왔겠지만, 참여는 자유다. 무료로 고급 리스닝 하러 왔다고 생각하면 마음이 편하다. 부스를 하나하나 돌며 회사 소개를 들어야 하기 때문이다. 생각해 보면 우리는 미국의 초대기업이 아니면 모른다. 한국에서도 '자소설닷컴' '사람인'을 훑어봐도 처음 보는 회사들 투성이니 그럴 만도 하다. 미국 인턴십 페어에서는 특이하게 이력서를 출력해서 부스 직원에게 직접 제출해야 한다. 쿨하게 한 바퀴 돌며 이력서만 제출하고 가버리는 학생들도 보였다. AI 시대에 종이 서류 제출이라…. 미국은 알다가도 모르겠다.

③ 전화 면접은 헬이다

링크드인을 보면 미국 회사인데 네이티브 잉글리쉬, 네이티브 코리안을 원하는 회사들이 간혹 있다. 쥐뿔도 없는 문과생에겐 기회다. 교포를 뽑는다는 소리인 걸 알면서도 쓴다. 몇 개 쓰다 보니 신기하게 연락이 오는 경우도 있다. 모 회사에서는 전화로 1차 면접을 하자고 제안이 왔다. 몇몇은 화상 면접이 아닌 정말 아날로그 그 자체인 폰콜(Phone call)을 원했다. 어쭙잖은 영어 실력에 연기력만 조금 있는 나에게는 쥐약이다. 전화 면접은 친구와의 전화와는 천지 차이다. 일단 그들은 배려 영어를 해 주지 않기 때문에 발음을 매우 뭉개 버리며 속도도 빠르다. 거기다 면접관의 얼굴을 볼 수 없으니 비언어적 의사 표현 캐치가 불가능하다. 연기도 통하지 않는다. 전화 면접은 한겨울에도 앞가슴을 땀으로 적시기에 충분했다.

④ 날파리도 꼬인다

"우린 베스트 프렌드가 되겠네요. 저는 영어를 가르쳐 주고, 당신은 한국어를 가르쳐 주고 하하하."

갓난아기 시절 미국에 입양되었다는 말을 덧붙이는 코리안 아메리칸이 당신에게 이런 말을 하면 어떻겠는가? 냉정하기로 유명한 서장훈이라도 일말의 연민이 생길 것이다. 그가 비록 원형 탈모가 심각하게 진행 중인 50대 아저씨라도 말이다. 패트릭은 우리 상공회의소에서 주최한 비즈니스 이벤트에 게스트로 참여했다(어떻게 참여했는지는 모르겠다). 그가 먼저 다가와 말을 걸었다. 형식적인 인사가 오간 후 당연한 수순으로 명함을 교환했다. 그런데 명함을 보니 보험회사다. 보험은 전혀 다른 길이었기에 구직 어필할 생각이 싹 사라졌다. 오히려 그쪽에서 제안을 했다.

"혹시 영업에도 관심 있나요? 우리 회사에서는 열심히 하는 만큼 부자가 될 수 있어요. 엄청난 기회죠. 나중에 꼭 연락할게요!"

어색한 웃음과 의미 없는 땡큐로 대화를 마무리 짓고 돌아섰다. 패트릭을 기억에서 삭제한 채.

그런데 며칠 뒤에 진짜로 전화가 왔다.

"헤이, 마이 프렌드. 잘 지냈죠? 우리 회사에 한번 놀러 오세요. 풀타임 잡이 필요하지 않나요?"

쎄한 느낌은 들었지만, 이렇게까지 신경 써주는 게 고마워서 조사를
좀 해봤다. 구글링을 얼마 하지도 않았는데 Pyramid Company(다단계)
회사라고 뜬다. 역시 목마른 놈이 우물을 파기 마련이다. 그렇게 두세 번
바쁘다고 거절하니 더 이상 연락이 오지 않았다.

⑤ 한인 회사 면접 with 미국 꼰대 교포

"부모님은 어떤 일을 하세요?"

"네…?"

"아, 그냥 그쪽을 더 잘 알고 싶어서요. 한국인들끼리는 이런 것도 중
요하니까."

최강대국 미국에서 '한국 고유의 것'을 찾는 면접관들이었다. 내 인생
처음이자 마지막으로 받은 부모님 직업에 관한 면접 질문이었다.

면접 경험을 쌓기 위해 한인 회사에도 레쥬메를 넣었다. 한인 회사는
죽었다 깨어나도 방법이 없을 때 알아볼 생각이었지만, 면접 경험용으
론 나쁘지 않을 것 같았다. 미국에서 한국 회사 면접을 본다는 것 자체
가 이색경험이지 않은가? 재밌는 일이 생길 것만 같은 기대감까지 생겼
다. 감사하게도 그 회사 면접은 잔잔한 코미디 자체였다.

"연봉은 얼마를 맞춰줘야 하죠? 얼마 생각했어요?"

"군대는 어디 다녀왔어요?"

"운전은 할 줄 알아요? 여기는 차 없으면 안 되는데."(이건 정상적인 질
문이라고 인정한다.)

업무상의 능력 반, 호구 조사 반을 곁들인 면접을 하다 보니 면접관

들이 슬슬 아재로 보이기 시작했다. 그들은 스스로 본인들 학력까지 밝혔는데, 의외로 미국 명문대 출신이라 놀라우면서 숨이 턱 막혔다. 미국 명문대 문과생들도 '미국 내 한국 중소기업'에서 일하는구나 싶었다.

자기소개와 몇 가지 질문은 영어로 했고, 나머지 인성 면접(?)은 모두 구수한 한국어로 진행되었다.

이상 한인 중소기업(카드 서비스 회사) 면접 썰이다.

⑥ 대망의(정상적인) 미국 회사 대면 면접

링크드인 프리미엄 한 달 서비스를 신청하니 현재 스펙으로 지원 시 가장 가능성 있는 회사들이 추천 리스트에 떴고, 그중 하나가 뉴욕에 위치한 패션 회사였다. 프리미엄 서비스에 의하면 지원자 중 상위 10%다. 하지만 지원자가 1,000명에 달해서 큰 의미가 있나 싶다. 뭐가 되었든 대면 면접을 보자고 한 곳이 처음이라 기쁜 마음으로 D.C.에서 뉴욕행 버스를 탔다. 면접 보기 전날은 뉴욕에서 태어나고 자란 흑인 친구 키이라에게 모의면접을 부탁했다.

수십 명의 지원자들이 줄 서서 대기하고 있었다. 앉아 있으면 면접 시간대별로 이름을 호명하는 구조였다. 대충 슥 봐도 중국계로 보이는 남자 한 명을 제외하고는 백인(80%) 또는 흑인이었다. 나처럼 한국식 네이비 색 풀정장을 입고 온 사람은 많지 않다. 진한 초록색 오버핏 와이셔츠를 입은 사람, 버건디 와이셔츠에 검은색 마이, 넥타이 대신 스카프를 맨 남자 등 '이게 아메리칸 비즈니스 캐주얼인가?' 하는 생각이 들었다. 아무래도 패션계라 그런가 보다. 살짝 주눅이 든다. 그 와중에 분명 내 차례가 다가온 것 같은데 아무리 기다려도 이름을 안 부른다.

'밀렸겠지' 하는 생각에 한참을 기다리다 40분 정도가 지나갔다. 이건 아니다 싶어 안내 직원에게 말을 걸었다.

"저 2시에 인터뷰 예정이었는데 아직 제 차례가 멀었나요?"

"네? 오우, 잠시만 기다려 주세요."

실수를 한 건지 실수인 척 동양인 차별을 한 건지 아리송하다. 코로나가 터진 후 이런 일이 생기면 인종차별인가 하는 피해의식이 생겼다. 내가 타던 지하철 라인에서 동양인이 무차별 폭행당하는 영상을 보면 누구나 생길 것이다.

5분이 채 안 되어 드디어 내 이름을 호명한다.

"헬로우!"

"하이!"

자줏빛 블레이저를 입은 금발의 여성 면접관이 웃으며 맞이해 주었다.

미국 하면 자신감이기에, 밝고 명쾌한 톤으로 헬로를 외치고 팔꿈치 악수를 청했다.

"이건 1차 면접이라 비교적 간단하게 진행될 거니 긴장하지 마세요."

이 면접관은 진실만을 말했다. 면접은 정말 빠르게 끝났으니까….

"왜 우리 회사에 흥미를 가지게 되었나요?"

"당신이 우리 회사에 적합한 이유가 뭐죠?"

이런 식의 뻔하지만 잘 대답해야 하는 질문들이 오갔다.

"내일 여행을 간다면 어디 가고 싶어요?"

아이스 브레이킹 치고는 타이밍이 너무 늦은 질문을 하기도 했다. 그렇게 20분이 채 안 되어 면접이 끝났다.

이후 2차 면접을 보자는 소식은 없었다. 당연한 일이다. 패션 관련 경험이 하나도 없는 데다 구직 시작한 지 두 달이 채 안 된 시점이기 때문에 정말 막 넣기도 했다. 2차 구직하기엔 7개월이나 남은 시점이라 그저 경험 쌓기용으로도 충분했다. 산업군도 고려하지 않고 직무도 딱히 통일되어 넣지는 않았다. 하지만 인터뷰 대본을 작성했고 경험을 쌓았기 때문에, 그걸로 만족한다. 바보 같은 짓으로 보일 수도 있겠지만, 나한텐 일종의 썰과 경험 수집용 행위였다. 당시 체력이 받쳐줘서 가능한 일이었다. 이건 마치 스퍼트를 열심히 달린 것도 아니고, 레이스를 시작도 하기 전에 빡세게 준비운동을 한 셈이다.

Tailor가 미국에선 빨간 넥타이가 인기 많다고 해서 샀는데… 명탐정 코난 룩이 돼버렸다.

미국에서 황인종이 겪는 인종차별이란

의외로 심슨 가족 실사판 인간들이 넘쳐나는 미국에서 동양인이 살기란 녹록지 않다. 일단 20여 년간 길에서 총 맞을 걱정은 해 본 적도 없던 대한민국 출신이라면 더더욱. 목숨이 하나임을 항상 경계하는 나는, 처음에는 인종차별보다는 총이 가장 걸렸다. 몇 다리 건너보면 실제로 외국에서 공부하다가 총 맞아 돌아가신 분들도 계셨다. 다행히도 우려와는 다르게 뉴욕에서 단 한 번도 총의 실물조차 본 적이 없다. 생각보다 권총을 보는 일은 귀했다. 물론 경찰이 든 총은 제외다.

총이 문제가 없다니 다행이긴 한데, 인종차별이라는 벽이 버티고 있다. 인종차별은 정말 생각지도 못한 곳에서 당한다. 주체는 보통 노숙자들이다.

한번은 버스에서 라멕이와 나란히 앉아 있다가 봉변을 당했다. 알링턴행 버스에서 한 일주일은 안 씻은 듯한 아우라에 덥수룩한 허연 수염을 가진 노숙자 흑인이 냅다 소리쳤다.

"너희 게이냐? 니네 나라로 돌아가라."

기승전결도 없이 그저 결이었다. 아무런 발단도 없었다는 뜻이다. 우리는 2인용 좌석에 앉아 있었을 뿐 맹세컨대 손도 잡지 않았다.

"Fuck off!"

순둥한 라멕이도 이때만큼은 참지 않았다.

"Fuck! 너희들 당장 내려!"

인종차별주의자 겸 노숙자가 말했다.

화가 치밀어 오르면서도 순간적으로 노숙자가 주머니에서 권총을 꺼내진 않을까 쫄았다. 우리는 목적지가 한참 남았기 때문에 망부석처럼 앉아 있었고, 노숙자는 뻘쭘했는지 궁시렁거리며 다음 역에서 내렸다. 이 모든 상황이 끝나니 주변 미국인들이 괜찮냐며 대신 미안하다는 말을 했다.

이게 가장 크게 당한 인종차별이었다.

사소하게는 맥도날드에서 주문할 때 정도가 있었다. 미국에 갓 도착했을 때 맥도날드 직원의 너무 빠른 영어를 못 알아들었다. 그는 한숨을 푹 쉬며 언성을 높였다. 그 길로 매니저에게 항의를 했고, 고객의 소리함에 그 직원 이름을 적을 뻔했다. 아, 또 생각해 보니 브루클린 흑인 밀집 지역에서 성희롱(?)을 당한 적이 있다. 대낮에 혼자 길을 걷고 있었는데 웬 웃통을 벗고 있는 흑인이 헤이! 하며 나를 부르더니 갑자기 바지를 반쯤 벗으며 고추가 그대로 노출됐다.

"씨발!"

반사적으로 소리쳤다. 너무 놀라 시발도 아닌 씨발이 나왔다. 살면서 길에서 낯선 사람에게 욕한 건 처음 있는 일이었다. 고추 주인도 민망했는지 모른 척 지나갔다. 아직도 아리까리한 게 이게 애초에 힙합 바지처럼 골반에 걸쳐 놓은 회색 츄리닝 바지가 실수로 벗겨진 건지, 유사 바바리맨이었는지 모르겠다.

웨스티 동기 중에서 대놓고 능욕을 당한 친구들은 아직 없었다. 해봤자 길거리에 앉아 있는 노숙자들의 사소한 시비였다. 노숙자들 정도는 별일이 아니었다. 만날 일도 거의 없을뿐더러 모든 노숙인이 그러지는 않았다.

그러다가 인류와 내 미국 생활을 뒤흔든 사건이 터졌다.

코로나바이러스와
강제귀국

04

코로나바이러스, 동양인 인종차별 그랜드 오픈

2019년 11월 17일 중국 우한에서 폐렴으로 인한 사망자가 발생했다. 이때만 해도 동정론이 지배적이었다. 가까운 한국과는 달리 미국은 청정지역 취급을 받으며 "미국 잘 갔네"라는 말을 듣기도 했다. 그런데 2020년 3월부터 전세는 역전됐다. 필라델피아, 뉴욕시, 보스턴 등 동부 쪽의 피해가 어마어마하게 속출되기 시작했다. 특히 뉴욕은 봄에만 2만 4천 명의 사망자를 기록하면서 미국 속 우한급이 되었다.

이때부터 중국인은 전 세계의 적이 되었다. 안타깝게도 미국인들은 중국인과 한국인을 구분하지 못했다.

코로나 초반만 해도 사망자가 기하급수적으로 늘든 말든 미국인들은 죽기 살기로 마스크를 쓰지 않았다. 죽기 싫은 나는 겨우 마스크를 구해 꿋꿋이 썼는데, 덕분에 '마스크 쓴 중국인'이라는 오해를 받기 딱 좋았다. 늘 타던 출근길 지하철에서도 분위기가 이상하다. '사람들이 많아서 티는 못 내지만, 같이 섞이고 싶지 않다'는 눈빛을 보내는 백인들이 속속 보였다. 참고로 내가 타는 라인은 정부 청사 쪽이기 때문에 80%가 백인인데다, 대부분 말쑥한 정장에 코트를 입은 직장인들이 많았다.

나는 늘 하던 대로 빈자리를 찾아 앉았다(D.C. 지하철은 버스처럼 2인용 좌석이 많다). 내가 앉자마자 옆자리에 있던 백인이 나를 힐끗 쳐다본다. 30대 초반으로 보이는 그는 윤이 나는 검은색 구두에 깔끔한 카멜색 코트를 입고 있었다. 그는 제자리에서 손을 탁탁 털더니 가방을 챙겨 다른 자리로 갔다. 누가 보면 손에 뭐라도 묻은 줄 알겠다. 이건 뭐 인종차별을 당했다고 따지기도 애매한 상황이다. 결과적으로 아무 말도, 피해주는 행동도 안 했으니 물증이 없다. 이게 배운 백인 놈의 공공장소 인종차별인가 싶었다.

이때부터 똥물이 묻은 것마냥 기분 더러운 인종차별이 시작되었다. 여자 동기들의 인종차별 증언도 속속히 나왔다. 지하철에서 백인 할아버지가 "차이나 고 홈!"이라고 소리를 치지 않나, 길거리에서 흑인 남성이 "치나!(차이나)" 하고 소리치며 겁을 주기도 했다. 다행히도 폭행을 당한 동기들은 없었다. 코로나 초기는 안 맞은 걸 다행이라 여기는 참 이상하고도 위험한 시기였다.

강제귀국이라니

2020년 1월 20일, 미국에서 첫 확진자가 발생했다. 한국도 같은 날에 첫 확진자가 발생했지만, 피해 클래스가 달랐다. 뉴욕에서는 봄 동안 2만4천 명 이상의 사망자가 나왔다. 뉴욕 인구의 21%가 항체를 가진 것으로 추정된다는 기사가 보도되기도 했다. 실제로 20년 3월부터 22년 3월까지 뉴욕 확진자는 약 229만 명이었고, 사망자는 4만 명을 넘어섰다. 뉴욕의 사망자만 한국 사망자의 4배가 넘었고, 이는 9.11 테러 희생자의 약 14배에 달했다.

뉴욕은 참 여러모로 핫했다. 그 핫한 뉴욕 옆 도시 D.C.에 사는 나는 엄청난 고민에 휩싸였다. 나뿐만 아니라 웨스트 동기들 모두 똑같은 고민을 했다.

'이대로 귀국을 해야 하는 것인가?'

미국 시민권자도 아닌데다 제대로 된 보험도 없다. 내가 미국에 왜 왔나? 영어를 배우고 인턴 경력을 쌓으러 왔다. 그런데 재택근무로 전환되어 회사는커녕 밖에 돌아다니지도 못한다. 거기다 미국에서 코로나에 걸리면 치료비만 수천만 원에 달한다.

단기 체류 중인 외국인 입장에서 미국의 의료보험은 지상 최악이다. 가까운 예로 치아 크라운 가격만 1,500불(이백만 원 이상) 정도다. 한국에서는 4,50만 원이면 해결되기 때문에, 차라리 한국행 왕복 비행기값이 더 싸다. 치아만 해도 이렇다. 코로나는 어떻겠는가? 초기만 해도 보험이 없는 사람이 코로나에 걸리면 수천만 원의 치료비 폭탄을 맞게 된다는 말이 있었다.

BBC 보도에 따르면 20년도 기준 미국 내 의료보험 미가입자는 약 2

천 7백만 명 이상이며, 미국 전체 인구의 9%에 달한다. 즉 미국에서는 함부로 쓰러져서도 안 된다. 앰뷸런스가 내 보험으로 커버가 되는 곳인지 확인 후 정신을 잃어야 한다.

이거야말로 서바이벌 전쟁이다. 때마침 국립국제교육원에서 조기 귀국을 권고한다는 메일이 왔다. 별의별 생각이 다 들었다. 미국은 정말 기회의 땅이기 때문에 어떤 일이 벌어질지 아무도 모른다. 2차 구직에 성공하여 H1 비자를 받고 눌러앉을 수도 있다. 하물며 미국인과 결혼하여 이민자 가정을 꾸린 웨스트 선배도 있다. 한국에서 바로 취업을 하지 않고 미국에 온 기회비용, 웬만해선 다시 오지 않을 미국 생활 등 머리가 복잡하다. 하지만 기회의 땅이든 뭐든 죽을 기회도 높다는 점이 치명적이다. 미국에 인턴 하러 왔다가 코로나로 죽으면 시체 보내는 비용만 어마어마하다는 소문(그 당시에는 확진 = 거의 죽음이었다), 확진자가 되고 귀국하면 대역죄인이라는 주홍글씨가 남는다는 점도 있었다.

"우리 엄마는 제발 돌아오라고 우시더라."

D.C.에 사는 동기가 말했다. 그 친구는 무섭지만, 이렇게 허망하게 미국 생활을 청산하고 싶어 하지는 않았다. 사실 우리 대부분이 힘들게 잡은 미국 생활 기회를 놓치고 싶지 않았다.

이즈음 타이밍 한번 무섭게 국립국제교육원에서 강제 귀국 메일을 받았다. 강제 귀국 조치에 따라 인턴십을 조기 종료해도 웨스트 수료증은 나왔다. 신디는 감사하게도 한국 가서 계약일까지 재택근무를 이어갈 수 있게 배려해 주었다. 강제 귀국의 파장은 꽤 컸다. 갈팡질팡하던 우리 대부분은 어차피 갇혀 있어야 할 미국 생활을 청산하기로 마음먹고, 서둘러 조금이라도 저렴한 비행기 표를 구매했다.

가장 아쉬운 점은 2차 구직 가능성이 날아갔다는 사실이다. 구직 활동을 하기엔 한참 남은 시점부터 미국 취업 생태계를 파악한답시고, 북치고 장구 치고 꽹과리까지 쳤는데 말이다. 면접 경험도 쌓았지만 내가 어떤 필드에서 유리하다는 것도 슬슬 알아가는 시점에서 모든 게 끝나 버렸다. 집요하게 물고 늘어지는 성격에 어떻게라도 방법을 찾아냈을 텐데 말이다.

2차 구직까지는 아니라도 예정된 18개월을 다 채우고 돌아가겠다는 친구들도 있었다. 그것도 그들의 자유다. 미국 하면 프리덤인데 누가 말리겠는가. 강제 귀국은 영장이 아니기 때문에 남겠다는 사람을 때려죽여서 귀국시키지는 못한다. 남은 몇몇 친구들은 정말 대단하게도 코로나에 걸리지 않고 18개월을 톡톡히 누리다가 귀국했다. 단기 프로그램으로 미국에 갓 도착한 사람들은 인턴십 배치도 못 받고 귀국을 하기도 했다.

그렇게 나는 4월 초, 한국행 비행기에 몸을 실었다. 2020년 4월 27일, 미국은 전 세계에서 처음으로 코로나19 확진자 100만 명을 돌파한 국가라는 기록을 추가했다.

그래서 미국 인턴 경험이 한국에서 도움이 됐냐고?

『맨큐의 경제학』을 펼쳐보면 첫 챕터에 이런 말이 나온다.

'모든 선택에는 대가가 있다.'

경제학의 10대 기본원리 중 첫 번째는 기회비용이다. 대부분의 사람들은 해외 인턴 모집공고를 보며 고민에 휩싸이기 마련이다.

'해외 인턴 경력이 귀국 후 취업할 때 도움이 될까?'

시간과 돈을 들여 미국 인턴을 간다는 것 자체가 엄청난 기회비용이기 때문이다.

결과적으로 말하면 하기 나름이다. 맥 빠지는 말이라는 거 나도 잘 안다. 나도 '영어 공부를 잘하려면 매일 듣고, 쓰고 외우는 방법뿐이에요' 같은 뻔한 이야기를 싫어한다. 그런데 그런 당연한 이야기가 진리다. 미국 인턴을 하든, 중국 어학연수를 다녀오든, 호주 워킹 홀리데이를 하든 본인이 어떻게 써먹느냐에 따라 달렸다.

이력서에서 미국 인턴은 빛 좋은 개살구 정도는 된다. 기본적인 자격증, 준수한 학점, 직무 연관성이 있어 보이는 잘 쓴 자기소개서에 미국 인턴 정도면 서류는 합격할 확률이 높아진다. 그런데 까보니 별거 없으면 똥망이다. 면접에서 보니 미국이랍시고 갔는데 딱히 한 것도 없고, 할 줄 아는 것도 없고, 영어도 고만고만하면 최악이다. 미국 인턴이든 중국 인턴이든 절대 치트키가 되지 않는다는 말이다.

세계여행은 말할 필요도 없다. 한 십오 년 전이었다면 모르겠다. 80년 대생의 여행 에세이에서 세계여행을 다녀온 경험으로 회사 면접을 뚫었다는 이야기를 읽었다. "세계여행 다녀올 정도면 뭐든 하겠는데?"라는 면접관의 리액션과 함께 근성 있고 대단하다는 이유로 뽑혔다는 썰이다(물론 다른 능력도 있으셨겠지만). 지금은 얼토당토않다. 여행업계라면 모를까. 만약 제조업처럼 보수적인 회사라면, 세계여행 단어만 꺼내도 '이 새끼 조금 다니다가 또 여행한다고 퇴사하는 거 아니야?'라는 의심을 받을 수도 있다. 하물며 나는 현장실습을 지원할 때도 국토대장정 같은 이력은 뺐다. 그 일을 통해 어떤 결과물을 만든 게 아닌 뜬금없는 근성 어필이라면 오히려 독이 된다.

결국에는 미국 인턴을 하며 뭘 했느냐가 관건이다. 어떤 회사인지는 크게 중요하지 않다. 일단 선택권조차 없었으니 직무 적합도라도 끼워 맞춰야 한다. 마케팅에 관심이 많다면, 관련 커리어를 쌓기 위해 어떻게든 보스를 설득해서 일을 주도적으로 따와야 한다. 하다못해 기업 소셜미디어를 관리하면서 시민 참여 이벤트를 기획한다든지, 새로운 미디어 채널 오픈을 제안하는 등 액션이 필요하다. 영업직도 마찬가지다. 어느 회장처럼 파리에서 도시락을 팔아 성공할 필요까진 없어도, 미국 고객을 대상으로 무언가를 팔아보든지, 온라인 스토어를 해보든지 방법은 많다.

뒤집어 말하면, 직무 연관성만 쌓는다면 해외 인턴은 꽤 도움이 된다. 그렇게 나는 운 좋게 귀국 3개월 만에 취업에 성공했다. 모든 타이밍이 적절하게 맞아떨어졌다. 한국 생활에 완벽히 적응되었을 때 뜬 모집공고, 아직은 영어를 덜 까먹었을 때 본 영어 면접, 중국과 미국에서 인턴을 한 이력, 여러 면접에서 갈고닦은 연기력까지. 기본적으로 직무 경험이 있으면 면접에서 답변이 청산유수로 나온다.

여담이지만 90년대생인 나는 첫 회사 면접에서 세계여행 경험을 언급하는 대신 커뮤니케이션과 홍보 능력의 일환으로 유튜브 경험을 어필할 수 있었다. 때마침 면접관 중 한 분이 홍보 방안에 관심이 많으셨기에 영상 기획, 제작 능력과 수십만 조회수를 달성한 경험 어필이 가능했던 일이다.

그렇게 나는 해외 인턴 경력 한 줄을 단물이 다 빠져나갈 때까지 쪽쪽

빨아먹었다. 유튜브 경험까지 말이다(물론 회사 직무와 어느 정도 관련이 있어서 어필했다. 직무 연관성이 없는 회사에서는 입도 뻥긋하지 않았다).

'미국은 기회의 땅'이라는 말을 들어보셨을 것이다. 나는 그 말에 십분 공감한다. 하늘은 스스로 돕는 자를 돕는다는데, 천조국 하늘은 스케일이 엄청나다. 열심히 하려는 의지만 있으면 기회가 주어지기 때문이다. 내 롤모델 중 한 분인 영화 제작자이자 파일럿인 이동진 씨는 이런 말을 했다.

"미국 여행 중에 만났던 한 할아버지에게 제 다음 목표가 비행기를 타고 세계 일주를 하는 것이라고 하니까, 비행기를 빌려주겠다고 했어요. 본인 소유의 비행기를 보여주면서 말이죠. 꿈이 있는 젊은이에게는 빌려줄 수 있으니 좌절하지 말라고 응원까지 해주셨어요."

미국에서는 일면식 없는 사람에게도 엄청난 기회를 얻을 수 있다. 인맥 사회인 미국에서는 유망한 젊은이에게 도움을 주는 게 일종의 투자이지 않을까 하는 생각도 든다.

특히 뉴욕 같은 대도시는 주변 환경부터가 다르다. 뉴욕의 한 예술 재단에서 인턴으로 일했던 세원이는 피카소의 손녀를 직접 만났다. 그분이 재단의 보드 멤버로 계셨기 때문이다. 세계적인 코리안 아메리칸 첼리스트가 세원이를 본인 집에 초대하고 싶다는 뜻밖의 제안을 하기도 했다. 아쉽게도 코로나로 좌절되었지만.

이처럼 미국에서는 정말 본인 의지에 따라 기회를 잡을 가능성이라는 게 존재한다. 다시 말해 인턴 하러 갔다가 무슨 일이 벌어질지 모른다는 말이다.

에 필 로 그

여행도 하고 싶고
취업도 하고 싶고

나는 언제 가장 행복감을 느낄까?

한 사람의 인생에서 '흥분되고, 즐겁고, 호기심이 넘쳐나며, 재미있다'는 감정을 얼마나 누리다 죽을까?

나는 이 질문에 대한 대답을 확실히 할 수 있다.

바로 외국에서 생활할 때다. 여행할 때만 국한되지 않는다는 말이다. 이방인의 삶 자체가 무척이나 흥미롭고 즐겁다. 아무도 나를 모른다는 사실도 나쁘지 않지만, 매일 새로운 무언가를 마주하는 게 가장 즐겁다. 이것도 신기하고 저것도 신기한 덕분에 호기심이 넘쳐난다. 감사하게도 나는 언제든지 궁금한 걸 질문해서 해소하는 능력이 있다. 안되면 유튜브를 핑계로 인터뷰를 하면 된다.

가장 놀라운 현상은 외국에서 생활할 때 나에게서 얼핏 '이상적인 인간의 모습'이 보인다는 점이다. 내가 세상에서 가장 부러워하는 인간 유형 중 하나는 '찰나의 순간에 행복을 느낄 줄 아는 사람'이다. 우리는 대부분 버티는 삶을 산다. 그 버티는 삶 속에서 조그마한 행복들을 찾아가며 기뻐하고 때론 슬퍼한다. 고된 삶에서 로또 4등 당첨될 확률로 행복을 느끼는 사람이 있는 반면, 순간순간의 즐거움을 놓치지 않는 사람이 있다.

중국에서 만난 미국인 친구 마리사(Marisa)는 사소한 일 하나하나에 즐거움을 느끼는 사람이다. 날씨가 좋아서, 지나가다 길고양이를 발견해서, 바다가 예뻐서, 무심코 시킨 음식이 맛있어서 등등 아주 많다(빌 설리번의 『나를 나답게 만드는 것들』을 보면 행복을 자주 느끼는 유형도 유전인 것 같긴 하다). 다소 이성적인 인간인 나도 해외 생활을 할 때만큼은 마리사처럼 찰나에 행복을 느끼는 능력이 꽤 자주 발동된다.

한 단계 더 나아가 황당한 일을 겪거나 어려운 상황에 부닥쳐도 '이 모든 게 콘텐츠다'라는 생각으로 즐기게 된다. 물가가 비싼 뉴욕에서는 '지금 아니면 언제 반지하에 살겠냐'는 마인드로 일부러 반지하 집을 계약했다. 반지하에 공용화장실이 딸린 집이었지만, 아무 문제가 되지 않았다. 오히려 원래 이렇게 살았다는 듯이 금세 적응이 됐다.

일주일에 한 번 꼴로 쇼킹한 일들을 마주했던 중국에서도 마찬가지였다. 지하철 탈 때마다 공항 검색대처럼 컨베이어 벨트에서 물건을 스캔당하는 일쯤은 아무것도 아니었다.

금연 마크가 떡하니 붙여진 목욕탕 온탕에서 연초를 피우는 아저씨를 목격해도, 비 오는 날 밤 ATM 부스에서 돈을 인출하다가 정전이 되어 카드도 먹히고 문도 잠겨 갇혔을 때도, 토요일 아침 8시경 시끄러운 소리에 눈을 떠보니 웬 아저씨가 사다리를 탄 채 내 방 전등을 점검하고 있어도(기숙사에서 사전 공지 없이 마스터키로 문을 따고 들어온 것이다), '이럴 수도 있구나' 하고 넘어간다.

나는 아직도 세계여행이 꿈이다. 못 가본 나라가 너무나도 많다. 하지만 금수저가 아니기에 노동을 해서 먹고살아야 한다. 거기다 취업할 수 있는 시기를 놓치기도 싫었다. 모든 일은 때가 있는 법이다. 대학 공부까지 했으니 회사생활을 해보고 싶기도 했다. 본인이 아무리 잘나도 서른 중후반에 신입사원이 되는 건 공무원이 아닌 이상 어렵다. 현실적인 세계여행자답게 최대한 일과 해외 생활이 동시에 가능한 직업을 물색했다. 끊임없이 떠도는 것도 아드레날린이 폭발할 정도로 재미있는 일이겠지만, 한 국가에 정착해서 해외 생활을 즐기는 것도 일종의 여행이라고 본다. 결국 나 같은 사람에겐 해외 취업이 딱이다. 하지만 코로나로 불가능해졌기에 방향을 돌렸다.

해외에서 일을 할 수 없으면 해외 출장이라도 많이 갈 수 있는 직업을 알아보기로 마음먹었다. 그렇게 나는 졸업 직전에 공공기관에 정규직으로 입사했다. 갑자기 웬 공공기관이냐고? 해외 출장을 오질나게 많이 갈 수 있는 곳이었기 때문이다. 하지만 60살까지 같은 회사에서 일하고 싶지는 않았기에 1년여 만에 퇴사했다(코로나로 출장 한번을 못 가보고). 그후 나름 전문성이 있어 경력을 쌓으면 해외 취업까지 가능해 보이는 직무로 전환하며 스타트업에 입사했다. 하지만 직접 부딪혀 보니 달랐다.

해외 취업과는 생각보다 거리가 많이 멀었다. 그렇게 두 번째 퇴사를 하고, 현재는 해외에만 수십 개의 지사가 있어 주재원 가능성이 있는 회사의 기획실에 몸을 담고 있다. 물론 주재원으로 보내는 직무는 아니기 때문에 해외로 연결될지는 미지수다.

살다 보면 안정적인 생활이 편해져 안주하는 삶에 만족할지도 모른다. 사람이 변하는 건 자연스러운 일이니 말이다. 그래도 확실한 건 어떻게든 틈틈이 기회를 잡아서 여행을 다니고, 다양한 사람들을 만나고, 글을 쓸 예정이다.

여행할 때만큼은 『그리스인 조르바』를 쓴 니코스 카잔차키스처럼 살고 싶다.

'아무것도 바라지 않는다. 아무것도 두렵지 않다. 나는 자유롭다.'

여행도 하고 싶고 ——— 취업도 하고 싶고

초판1쇄 2023년 9월 27일 **지은이** 현재 **펴낸이** 한효정 **편집교정** 김정민 **기획** 박자연, 강문희 **일러스트** 박수빈 **표지사진** 임세원 **디자인** purple **마케팅** 안수경 **펴낸곳** 도서출판 푸른향기 **출판등록** 2004년 9월 16일 제 320-2004-54호 **주소** 서울 영등포구 선유로 43가길 24 104-1002 (07210) **이메일** prunbook@naver.com **전화번호** 02-2671-5663 **팩스** 02-2671-5662 **홈페이지** prunbook.com | facebook.com/prunbook | instagram.com/prunbook

ISBN 978-89-6782-194-4 03980
ⓒ 현재, 2023, Printed in Korea

*책값은 뒤표지에 있습니다.

이 도서의 국립중앙도서관 출판예정도서목록(CIP)은 서지정보유통지원시스템 홈페이지(http://seoji.nl.go.kr)와 국가자료공동목록시스템(http://www.nl.go.kr/kolisnet)에서 이용하실 수 있습니다.